100%台湾酿酱

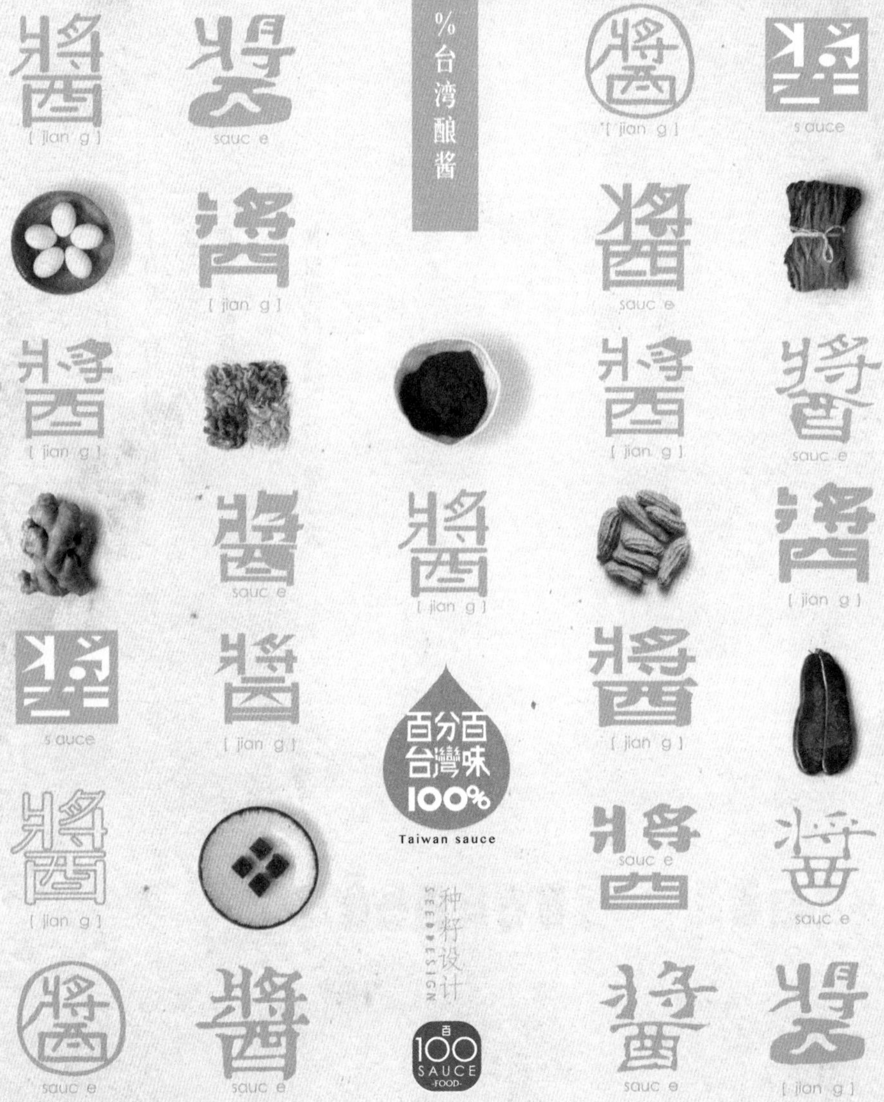

中国青年出版社

目录

什么是台湾味？ 004
100%台湾魅力食材 006
物尽其用的哲学 008
我们是种籽 010

酱缸里的滴滴答答·腌渍类

老菜脯 金橘菜脯酱 012
豆豉 豆豉茄酱 018
破布子 番茄破布子酱 024
渍瓜 荫瓜仔肉酱 030
咸菜 梅干橄榄酱 036
豆瓣 丁香辣豆瓣酱 042
豆腐乳 腐乳芫荽酱 048

太阳与风拂拂晒晒·干燥类

虾米 芋香虾米酱 054
咸鱼 咸鱼鸡粒酱 060
鱼干 香菇葱蒜鳊鱼酱 066
菜干 笋干虾蒜酱 072
咸猪肉 咸猪肉芹菜酱 078
香菇 香菇芹菜辣油酱 084
乌鱼子 乌鱼子蒜苗酱 090

一样米要饲百样人 · 米食类

米酒　蒸鱼露酱　096
酒酿　菊花甜酒酿酱　102
红糟　玫瑰红糟酱　108
咸蛋　咸蛋冬菜酱　114
绿豆　杏仁豆蒜酱　120
花生　花生芝麻蒜酱　126
芋头番薯　地瓜麦芽酱　132

靠山吃山靠海讨海 · 物产类

葱蒜韭　葱蒜豆酥酱　138
老姜　老姜树子冬瓜酱　144
青草　香椿菜脯辣椒酱　150
药膳　人参枸杞料酒　156
凤梨　凤梨豆豉酱　162
葡萄　葡萄红茶果酱　168
桂圆　桂圆红枣酱　174

谢天谢地吃巧吃饱 · 人生调味

油葱酥　猪油葱酥酱　180
麻油　麻油姜酱　186
乌醋　五香醋辣酱　192
酱油　马告清油酱　198
黑糖　香草黑糖　204
椒油　芝麻椒油酱　210
苦茶　桂花苦茶姜油　216

100%
台湾味

Taiwan sauce
TAIWAN flavor.

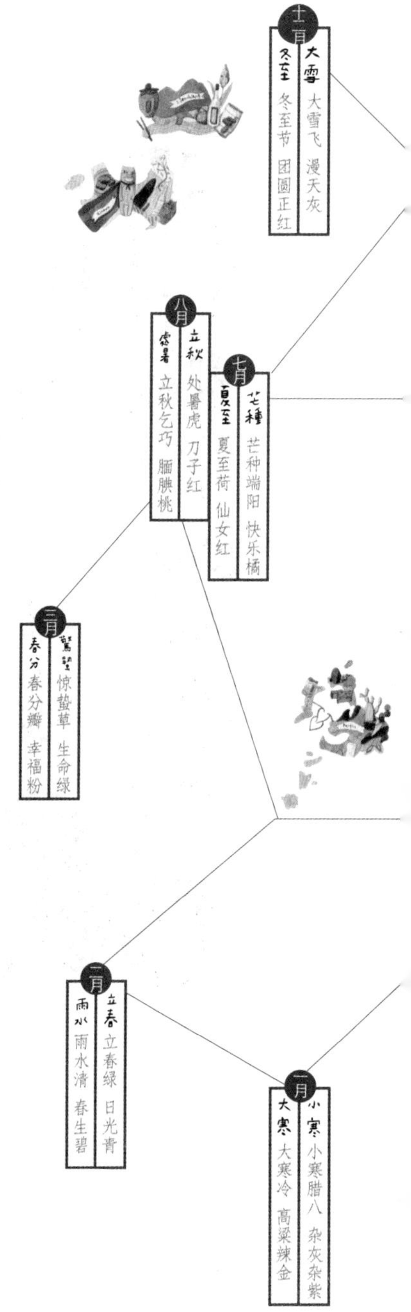

百分百台灣味
100%
Taiwan sauce

什么是台湾味？

台湾味，是什么味？
老灵魂？老菜？
传统饮食？古早味？
妈妈味？乡愁？
让我们从厨房力开始！

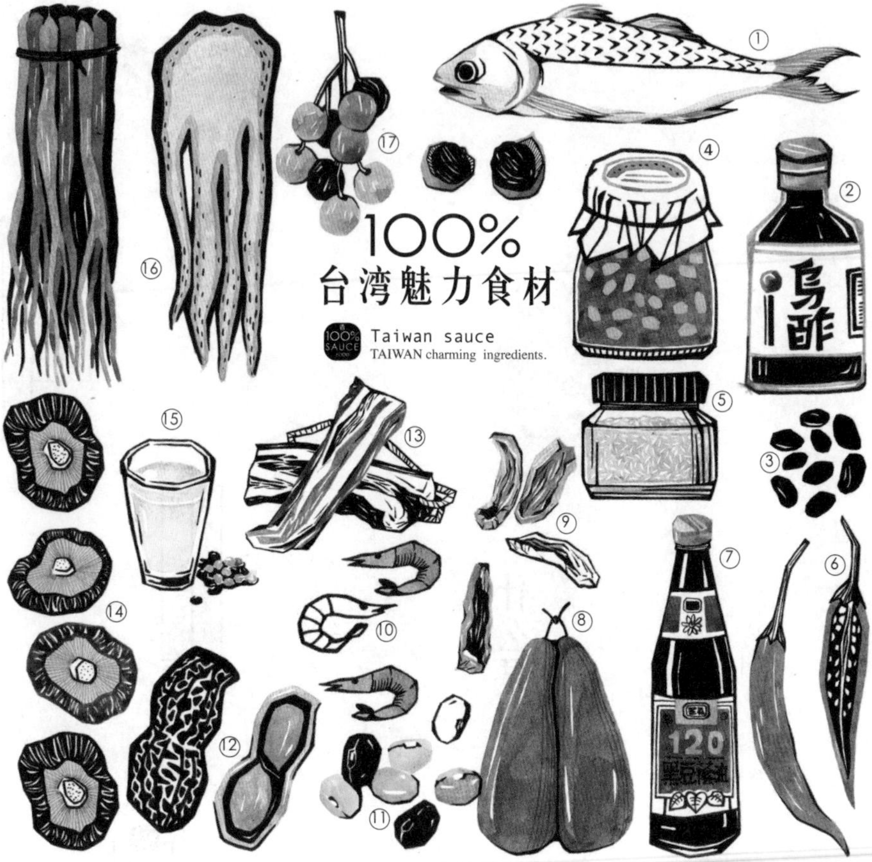

熟成

我想我们
耐人寻味般地
找35个
我们心中经典的
生活的气味

Taiwan sauce

TAIWAN charming ingredients.

1 咸鱼
2 乌醋
3 豆豉
4 豆瓣
5 酒酿
6 辣椒红油
7 酱油
8 乌鱼子
9 老菜脯
10 虾米
11 绿豆
12 花生
13 咸猪肉
14 香菇
15 豆浆
16 药膳
17 桂圆
18 凤梨
19 鱼干
20 苦茶油
21 葱蒜韭
22 红糟
23 豆腐乳
24 菜干
25 咸菜
26 葡萄
27 破布子
28 猪油
29 青草
30 麻油
31 油葱酥
32 黑糖
33 芋头番薯
34 米酒
35 老姜

100%
物尽其用的哲学

Taiwan sauce
Everything useful.

醬缸裡的滴滴答答。

每户人家都有几个缸，时间的美味就在缸中，
滴滴答答地流转，转化成就一种独特的味道。

太陽與風拂拂曬曬。

只靠着太阳与风，
许多时鲜物产，脱干了水分，得以延长寿命，
不只是保存，更开启另一道滋味之门。

一樣米要飼百樣人。

米是我们的主食，巧妇难为无米炊，
有米岂止七十二变，岂止满足百样人。

靠山吃山靠海討海。

靠山吃山靠海吃海，这天候、这土地长着什么物产，
便长出什么样的饮食内容。

謝天謝地吃巧吃飽。

台湾的节气庆典、民俗礼仪，
也造就特有的饮食文化与台湾味。

我们选择用酱来触类旁通，酱是料理之魂
酱不是主食，像触媒，任何食材透过酱
像灵魂找到了躯体，让台湾滋味得以轻易体现

买菜，很容易；农夫敬天希望每人都食当季百里食物，不容易
做菜，很容易；厨娘用爱与喜悦长时间和柔软心料理，不容易
做酱，很容易；每一个出处成分追本溯源，巨细解析，不容易
买酱，很容易；正直轻柔缓慢良善手切文火细煎慢工，不容易

100%
我们是种籽
Taiwan sauce
We are seeds.

愛與偕行

第一步 台湾的节气食材散步。

第二步 吃当季吃当地的节气料理。

第三步 节气食材的保存食。

第四步 跟着节气学吃酸。

第五步 因为爱的孩子料理。

第六步 台湾迷人的野菜。

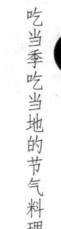

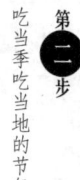

SEED
-lab-

Taiwan sauce
TAIWAN flavor.

第七步

台湾35酿酱，长出210道菜肴。

每一道酱
都渊源于个性魅力十足的台湾底蕴，思想起
又起
我们一一析出成分及比例组合
然后
酱开始触类旁通，广结善缘
在不同节气里，遇物产—物产遇
在不同地域里，变料理—他方遇
在不同食材里，交朋友—亲爱遇
请您亲作、细尝

在时间里散步

你的心、你的身体，曾经真正在家过吗……

你知道，这原是一个扎根再出发，跟土地的相约
我们从来不想隐藏
对地粮的偏爱
对发酵的偏爱
对老灵魂的偏爱
对传统食物的偏爱
对设计的偏爱
对创作的偏爱
好感谢每一个抒情化、论述化、风土特产化的探究与发现
我们是种籽

酱缸裡的滴滴答答

100%
本产种作

老菜脯

Dried Radish

光阴制人参

萝卜未免也太神妙
鲜采菜头
甘美汤头需要它
年节米粿需要它
当菜头变成了菜脯
时间开始对它有利
日复一日、年复一年……
它像酒、像茶
越陈越香、越陈越显风味
再陈足以媲美人参
时间是最公平的
我们拿光阴
就可以点石成金
将菜头制成老菜脯

材料

金橘	300克
冰糖	150克
辣椒	1支
盐	0.5茶匙
米酒	1汤匙
萝卜干	100克
马告	2克
白胡椒粉	1茶匙

做法

1 辣椒切末备用。
2 玻璃瓶从冷水煮到沸，煮滚5分钟消毒放凉备用。
3 金橘洗净去蒂头，对切去子，果皮果肉分开备用。
4 将橘皮放入蒸笼蒸熟放凉。
5 橘肉和做法3食材及辣椒末放入食物调理机打成泥状。
6 再将橘泥加入冰糖、盐、酒煮滚至糖融化成橘酱。
7 放凉再装入玻璃罐即可。
8 用干锅煸出萝卜干的味道，再加入马告炒香。
9 再加入橘酱拌匀，最后再拌入白胡椒粉即可。

Taiwan
pure=sauce

身世族谱

厨房的传家飘香
[金橘菜脯酱]

风土食物 SEED

金橘菜脯酱

酸碱层递
天光与海盐的醇厚

—美味区间—

未开封冷藏 30 天

素雪

对应节气：大雪

❶ 金橘

金橘即四季橘，可赏玩亦可料理，夏生花，秋冬果熟。常见金橘柠檬调饮，客家常取以制酱，增酸味添食欲。

❷ 萝卜干

萝卜干制法五花八门，有先盐渍后日晒，或先晒后渍，或直接日暴。形有块、片、丝或整条萝卜大器。无论哪一种，都是越陈越香的经典保存食。

❸ 马告

泰雅人语马告，亦即山胡椒。整株皆有柠檬芳香，果实熟成色黑，我们爱用马告。

❹ 糖

从制糖王国到小农自作，台湾的蔗糖给了甜味也给了安慰。

❺ 辣椒

性味辛热，经常作为调味品，亦可晒干保存。

❻ 白胡椒

胡椒分黑白，白胡椒细致辛辣，黑胡椒相对碎粒粗犷，只是熟度不同，同为胡椒，但用错可会坏了一锅味。

❼ 米酒

米饭清香的酒味，活气养血，入肺经，补虚寒。

❽ 盐

食材的点睛，料理的光。

金橘菜脯酱与节气物产相遇

台湾酿酱 物产遇

风土食物

Taiwan pure=sauce

谷雨

竹笋/酱烧笋丝豆腐

10分上桌

材料

竹笋片	40克	酱油膏	1汤匙
板豆腐	1盒	金橘菜脯酱	2汤匙
葱	2支	苦茶油	适量
姜	6片	水	30毫升

做法

1 葱切段；姜切片；将板豆腐煎上色备用。

2 起一油锅，先将姜片、葱白炒香，加入金橘菜脯酱、酱油膏及水，随即放入笋片和板豆腐烧出酱味后，再加入葱绿，即可起锅。

大暑

嫩姜/白斩鸡

15分上桌

材料

鸡腿	1只
嫩姜	100克
金橘菜脯酱	2茶匙

做法

1 嫩姜切薄片，取一只小碗，和金橘菜脯酱一起拌匀备用。

2 将鸡腿加冷水煮滚后小火煮10分钟，再盖上盖子焖10分钟后，冷却切块备用。

3 食用时只要搭配拌好的嫩姜片即可。

秋分

水梨/凉拌梨签

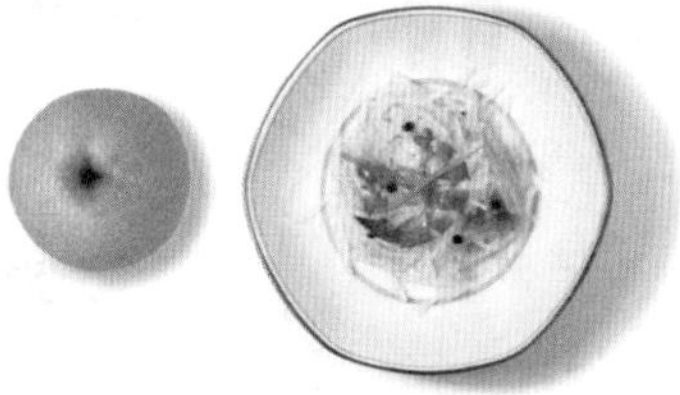

材料 5分上桌

虾	8只	水梨	1个刨丝
白酒	1汤匙	金橘菜脯酱	1/2汤匙
苦茶油	1茶匙		

做法

1 将虾煎熟，起锅前洒上白酒，剥壳备用。

2 水梨刨丝，和金橘菜脯酱混合均匀后，拌入虾仁即可。

立冬

橙子/橙汁排骨

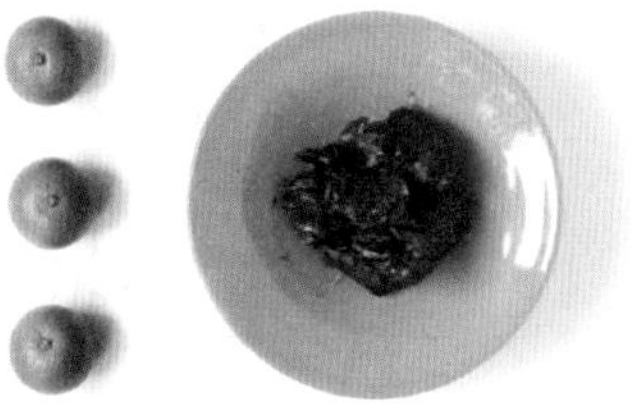

材料 30分上桌

排骨	350克	酱油	0.5茶匙
姜	4片	金橘菜脯酱	0.5汤匙
蒜	2瓣	柳橙汁	200毫升
米酒	1汤匙	水	300毫升

做法

1 排骨煎上色后，加入姜片和蒜炒香，再加入米酒。

2 将酱油、金橘菜脯酱拌入炒香，最后再加入柳橙汁和水，煮滚后小火再煮20分钟即可。

台湾酿酱
他方遇

炖煮食

意大利

Italy

相传欧洲早期猎人于狩猎期间在外的野食，以容易取得的禽类为主，加上番茄或随手摘取的香料加以烹煮，在野炊炉火上咕噜慢炖而成。

猎人炖鸡

材料

鸡腿肉	1块
牛番茄	2个
洋葱	100克
蒜	2瓣
金橘菜脯酱	2汤匙
西洋香菜末	1/2茶匙
盐	适量

做法

1 鸡腿肉切块；牛番茄、洋葱切丁备用。

2 将鸡腿肉块煎上色后夹出，原锅放入洋葱及蒜煸香，再拌入番茄，最后加入金橘菜脯酱、鸡腿肉块和水，煮滚后再煮15分钟。

3 最后以盐调味，撒上西洋香菜叶末即可。

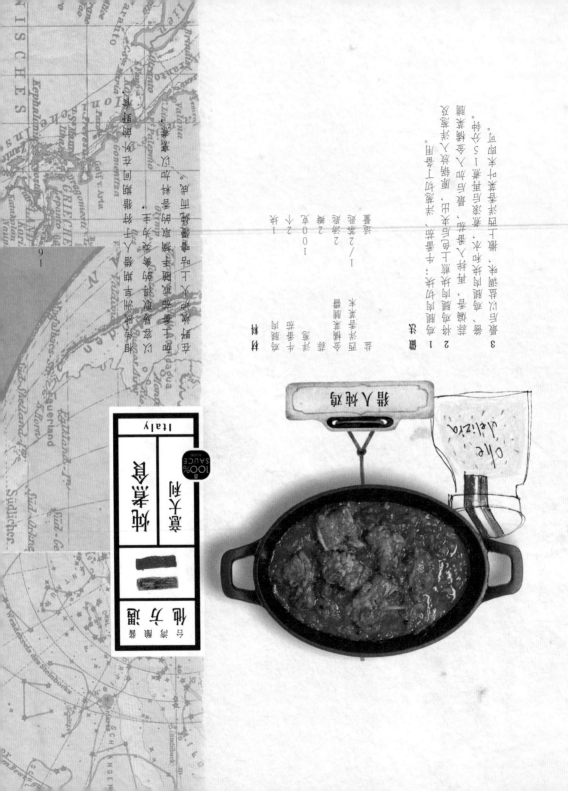

相亲相爱

台湾酿酱

菜脯咸香冰激凌

100% SAUCE

材料

原味优格 400克

金橘菜脯酱 3汤匙

朗姆酒 3汤匙

做法

1 将所有材料混合均匀，置于不锈钢容器中，冷冻保存。

2 每小时拿出来以汤匙刮松，重复5次即可。

优格

高原游牧旅人偶然之举，
经乳酸菌发酵而成，
浓稠丰厚之乳糜，
成为世界三大宗教始祖之源，
师法自然的智能与奥秘。

朗姆酒

源自古老西印度群岛，
海上水手海盗酿制之酒，
以甘蔗糖蜜为原料，
经澄清、发酵、蒸馏，入橡木桶陈酿而成，
琥珀橙色，
远播千里。

酱缸裡的滴滴答答

100%
本产种作

豆豉

Black Soy Bean

看不见的美味转化

一粒生豆与豆豉
两者之间夹藏了多少智能累积与岁月发酵
生豆要蒸熟、铺席、长曲、洗水、盐腌、发酵、蒸蒸晒晒……
『豉』这个字专为此古法而命
从豆到豉
怎么在看不见的微生物作用中
行所当行、止于当止
即便你尝过多少豆豉料理
让你回到古早时
给你豆也制不成豉
那是何其伟大的发明

Taiwan pure=sauce

身世族谱

烧出秋日的滋味
[豆豉茄酱]

风土食物 SEED

豆豉茄酱

架叠厚味
土地丰实的回旋曲

—美味区间—

未开封冷藏 30 天

对应节气：白露

材料

茄子 3根
豆豉 1.5汤匙
酱油 1汤匙
盐 适量
苦茶油 1汤匙

做法

1 将茄子对切进200摄氏度烤箱烤25分钟，皮烤成褐色。

2 茄子去皮将肉剁成泥，备用。

3 烧热苦茶油将茄泥炒香，再加入豆豉炒香，再加入酱油烧出酱香，最后用盐调味。

1 茄子

茄子形长色紫，肉质松软，细胞间有许多小气穴，烹后紧缩，易吸附调味油脂。制酱口感绵密，炭烤滋味丰富。

2 豆豉

经发酵熟成的豆豉营养丰富，能炒出咸香，有亚洲的营养豆之称。

3 盐

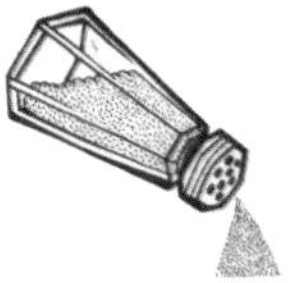

盐是味里的光，食物可以没有任何调味，但一定要有盐，所有的味都要它提拔。

4 苦茶油

剥开苦茶子，浅尝一下，奇苦无比，果然名副其实。怎能榨出美好风味的油呢？这真是神奇。

5 酱油

使用纯黑豆酿造，长达百日以上暴晒所制成的壶底油，才有深厚回甘的底蕴。

台湾酿酱
物产遇
风土食物
Taiwan
pure=sauce

豆豉茄酱与节气物产相遇

大暑

苦瓜/酱烤苦瓜

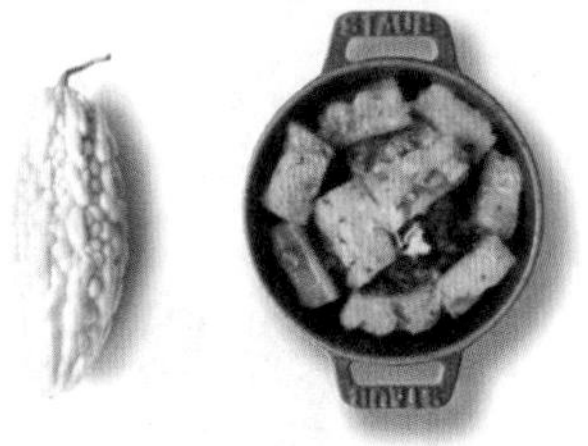

材料 25分上桌

苦瓜 1条	豆豉茄酱 2汤匙
蒜 3瓣	盐 适量
苦茶油 1汤匙	酱油 1茶匙

做法

1 将蒜切碎，苦瓜去子去瓤切块，用油将苦瓜块两面煎金黄，夹起备用。

2 锅里放入蒜煸香，加入苦瓜块炒香，再加入豆豉茄酱和酱油，炒至酱气释出后加水焖烧。

3 煮滚后再煮15分钟，最后以盐调味。

立春

花椰/豆豉拌绿花椰

材料 180秒上桌

绿花椰 1个
苦茶油 少许
盐 少许
豆豉茄酱 2汤匙

做法

1 将绿花椰分成小朵烫熟。

2 沥干后，再拌入盐、苦茶油与豆豉茄酱即可。

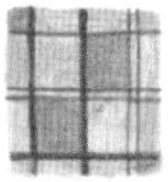

霜降

蚵/豉汁烧蚵

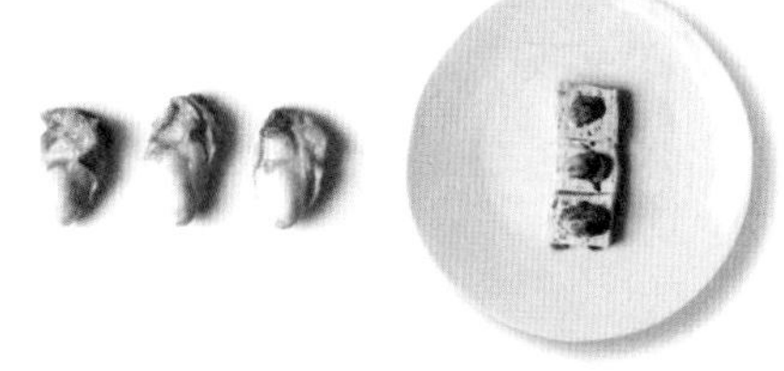

材料 20分上桌

蚵	200克	葱	1支
豆腐	1盒	苦茶油	1.5汤匙
豆豉茄酱	2汤匙	盐	适量
蒜	3瓣		

做法

1 豆腐切小块；蒜切碎；葱切成末备用。

2 将葱、蒜以苦茶油加热爆香，加入豆豉茄酱炒香，再加入水和豆腐。

3 豆腐煮滚后，再煮10分钟。最后再加入蚵烧开2分钟后以盐调味即可。

冬至

草菇/炒豆豉茄草菇

材料 10分上桌

草菇	300克	盐	适量
蒜	2瓣	豆豉茄酱	1.5汤匙
苦茶油	1汤匙		

做法

1 将蒜切碎用苦茶油煸香，放入草菇拌炒，再放入豆豉茄酱及一些水拌炒至熟。

2 最后用盐调味。

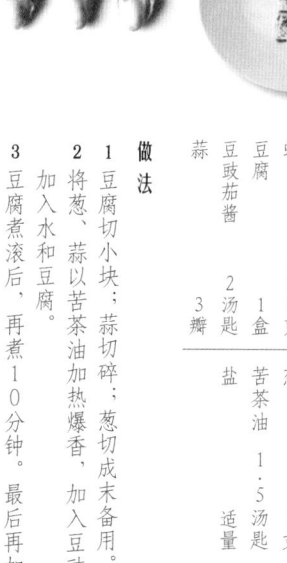

台湾酿酱
他方遇

日本 炖煮食

Japan

传统煨煮工法，文火慢烹，酱、盐、糖细细熬入，甘甜而味浓咸香，家常保存食。

时蔬佃煮

材料

白萝卜	1根
胡萝卜	1根
栗子	8个
香菇	4个
魔芋丝	125克
糖	0.5茶匙
盐	适量
水	800毫升
豆豉茄酱	3汤匙

做法

1 白萝卜、胡萝卜切小块备用。

2 将所有食材加入汤锅，加热水煮开，转小火煮20分钟即可。

豉酱拌凉粉

相亲相爱

台湾酿酱

100% SAUCE

材料

凉皮	300克
豆豉茄酱	2汤匙
冷压白芝麻油	1茶匙
芹菜	2支

做法

1 凉皮切成适当宽度；芹菜切末备用。

2 拌上豆豉茄酱与冷压白芝麻油，最后撒上芹菜末即可。

凉粉

“白、薄、光、软、酿、香”
酿皮子的六字诀，
形如软玉，悠长绵滑的形象，
宛若面皮美人。

酱缸裡的滴滴答答

100%
本产种作

百 100% SAUCE FOOD

破布子

Sebastan Plum Cordia

一树破布千万子

乡间矮墙旁一棵树
叶面总多是虫瘿，间是虫咬缺洞
找不到一叶完整，状若破布
破布，其貌不扬，名也不雅
却是一种土生土长的原生美味
约摸夏季芒种前后，满树结果
砍时要大刀阔斧
采时要巧手细腻
总是蒸煮成饼状或散粒状
树子蒸鱼也煎蛋……
为三餐甘美调味
久而久之成就了台湾味

材料

圣女番茄	600克
破布子	300克
蒜	2瓣
月桂叶	1片
苦茶油	500毫升

做法

1 圣女番茄洗净对切，入烤箱100摄氏度烤5个小时至皮成皱皱巴巴状备用。

2 蒜切成片，在最后1小时前放入烤箱一起烤。

3 破布子沥干，以平底锅加热将水分收干。

4 将步骤1~3的食材以玻璃罐盛装再放入月桂叶以油封存。

Taiwan
pure=sauce

身世族谱

中国妈妈与意大利妈妈的美味关系

[番茄破布子酱]

风土食物 SEED

番茄破布子酱

东西方的封渍交会

番茄新滋味・破布子新食感

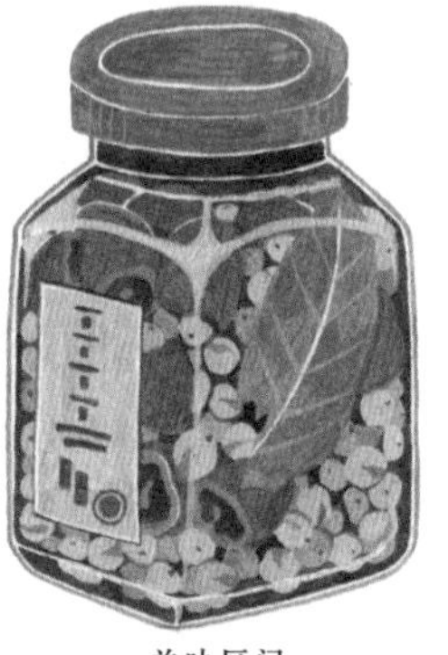

—美味区间—

未开封冷藏 30 天

对应节气：皆宜

萃润

1 蒜

多瓣环抱，春夏间采收，干燥后储藏。可调味，可入药，几枚蒜片便足以支撑一道菜。

2 破布子

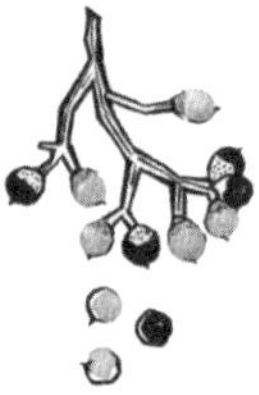

叶子常有虫瘿，状如破布得名。虽性苦微涩，烹熟后加入酱油、冰糖与甘草等佐料。常用来佐饭、蒸鱼或与豆腐同煮。

3 苦茶油

苦茶油，是我们的油脂，敬请爱用，让它驱逐劣币。

4 月桂叶

味苦而辛，干燥后草花香气越加明显，常见的地中海料理，多用煲汤与海鲜料理。希腊神话中为荣誉的象征。

5 番茄

是果亦蔬，糖度高风味足。玲珑的圣女果，目前在台湾可全年栽培，秋冬最多，常见为圣女品种。

番茄破布子酱
与节气物产相遇

台湾酿酱
物产遇
风土食物
Taiwan
pure=sauce

春分

箭笋/酱炒箭笋

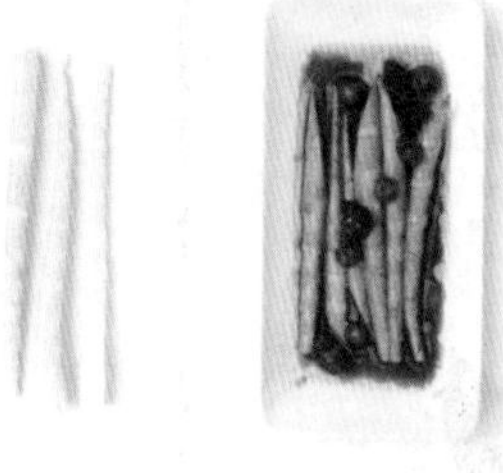

材料　10分上桌

箭笋　300克
苦茶油　1茶匙
盐　适量

番茄破布子酱　1.5汤匙
酱油　0.5茶匙

做法

1 将箭笋汆烫，斜切成小段备用。
2 起一油锅放入箭笋炒香，再放番茄破布子酱和酱油，加入水盖上盖子烧至汤汁略收。
3 最后再以盐调味。

芒種

芒果/凉拌芒果

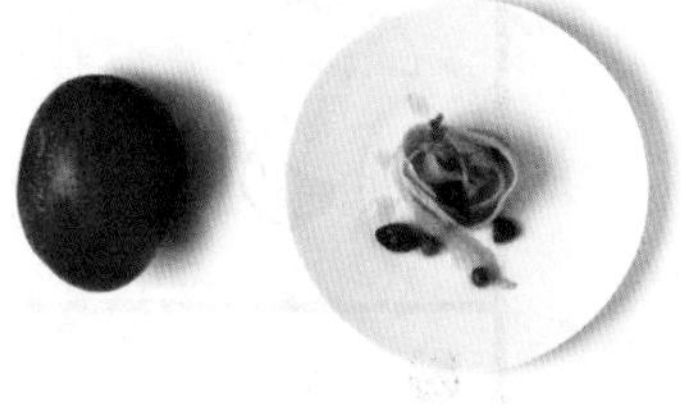

材料　60秒上桌

芒果　2个
柠檬汁　0.5茶匙
番茄破布子酱　2大匙

做法

1 芒果刨成薄片长条状备用。
2 再拌入番茄破布子酱和柠檬汁即可。

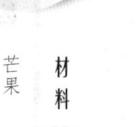

秋分

虱目鱼/香煎虱目鱼肚

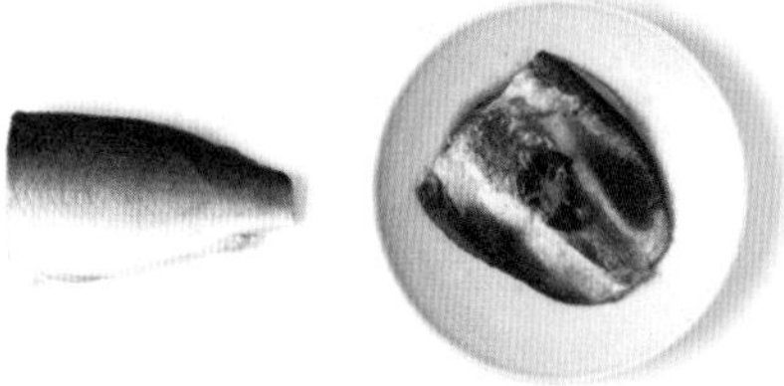

20分上桌

材料

虱目鱼肚	1片	苦茶油	1汤匙
姜丝	0.5茶匙	番茄破布子酱	1.5汤匙
酱油	0.5茶匙		

做法

1 先将平底锅加热，放入苦茶油，将虱目鱼肚两面煎熟。

2 再放姜丝和番茄破布子酱炒香，接着加入酱油烧出酱味，适量水加入收干即可。

小寒

杏鲍菇/炭烤杏鲍菇

15分上桌

材料

杏鲍菇	4根	盐	少许
番茄破布子酱	1汤匙	苦茶油	0.5茶匙
九层塔	少许		

做法

1 将杏鲍菇切成0.5厘米厚片备用。

2 铸铁烤盘加热涂上一层薄油，放上杏鲍菇双面烙上烤痕，备用。

3 烤好的杏鲍菇片放上番茄破布子酱和盐调味，最后以九层塔做装饰即可。

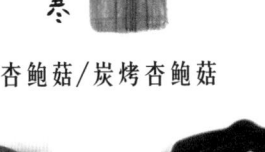

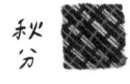

台湾酿酱
他方遇

炖菜汤

乌克兰

Ukraine

长时间的烹调，各种芳香蔬菜在锅中软化未烂，边煮边尝边调味，会发现过程的美妙变化，酸中带甜，热饮凉食皆好。

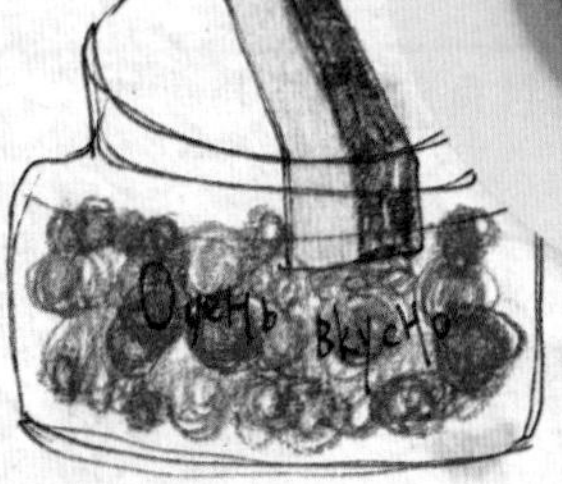

罗宋汤

材料

牛肉	200克
洋葱	1个
马铃薯	1个
胡萝卜	1根
甜菜根	1个
盐	适量
番茄破布子酱	4汤匙

做法

1 厚底汤锅里加入苦茶油再加入牛肉块，将牛肉块四面煎金黄，夹起备用。

2 放入洋葱炒香，再依序放入马铃薯、胡萝卜、甜菜根一一炒香，再加入番茄破布子酱炒香。

3 放入牛肉和水煮至小滚后，小火煮25分钟，最后以盐调味即可。

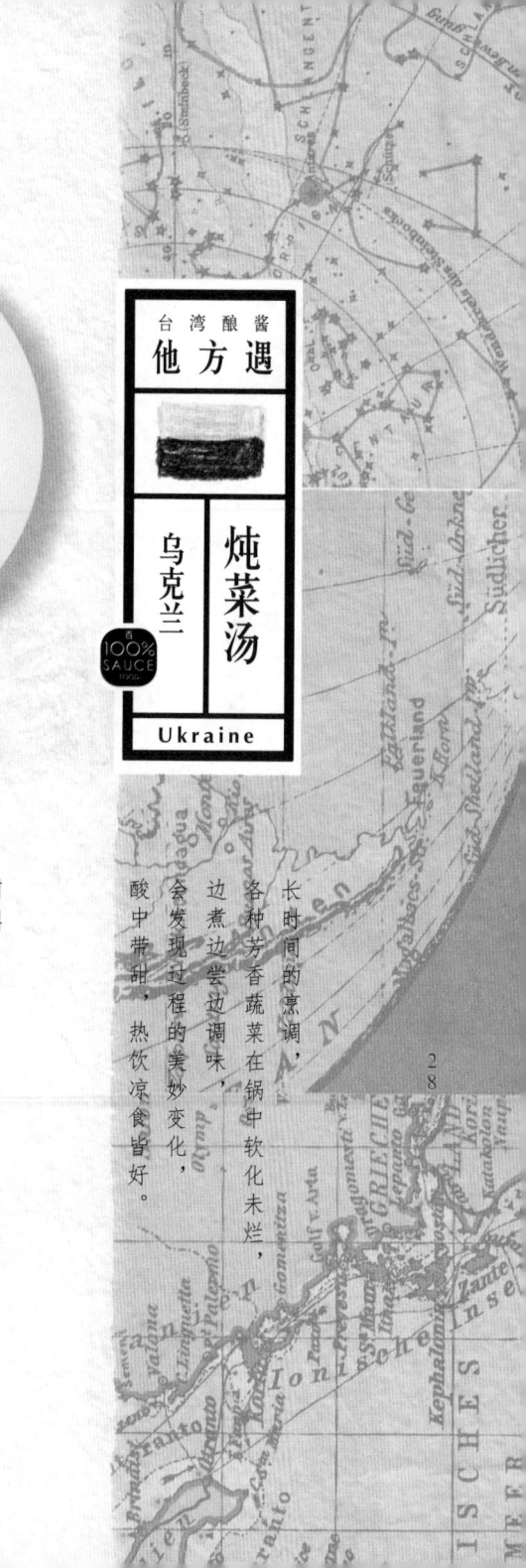

番茄意大利面

100% SAUCE

台湾酿酱 相亲相爱

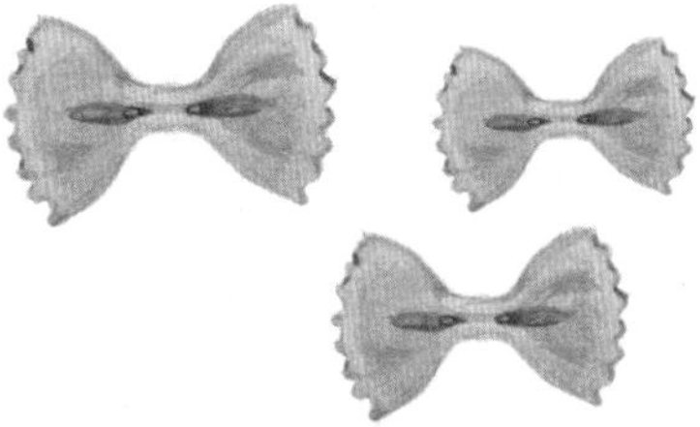

意大利面

小麦、鸡蛋与水的几何揉捻
因着风土、因着手艺
缤纷喧闹的口感与形状
意大利人的幽默感
是面条界的千面女郎

材料

- 蝴蝶面　400克
- 苦茶油　0.5茶匙
- 盐　适量
- 番茄破布子酱　4汤匙

做法

1 蝴蝶面煮熟，水分沥干，拌点油备用。

2 将面与番茄破布子酱和盐拌匀即可。

酱缸里的滴滴答答

100%
本产种作

100% SAUCE FOOD

渍瓜

Oriental Pickling Melon In Sauce

瓜瓜不绝

我们是个爱吃瓜的民族
瓜是水果、瓜也是蔬菜
大的沉甸甸如大冬瓜、小巧诸如小黄瓜
瓜在生鲜料理中总一副清新甘美
当然不会就此满足
我们又给瓜开了一道门
用盐、用晒、用腌、用时间……
质地、口感、味道百变
即便早餐清粥小菜已稀
幸好
瓜仔肉、瓜仔鸡……
渍瓜还是不可或缺的惊喜

材料

猪绞肉	300克
荫瓜	90克
脆瓜	100克
荫瓜汁	1汤匙
姜	20克
蒜	4瓣
花椒油	1汤匙
酱油	2汤匙
盐	2汤匙
白胡椒粉	0.5茶匙

做法

1. 先将荫瓜、脆瓜切小丁；姜切末；蒜磨成泥备用。
2. 起油锅，以花椒油将猪绞肉炒成白色，加入姜末、蒜泥炒香后，加入酱油烧出酱香。
3. 加入荫瓜、脆瓜、荫瓜汁，直到渍瓜的味道释出，再以盐调味，起锅前加入白胡椒粉即可。

Taiwan
pure=sauce

身世族谱

丰厚菜肴的瓜瓜味

[荫瓜仔肉酱]

风食土物 SEED

荫瓜仔肉酱

酱底醇香
居家常备的佐味

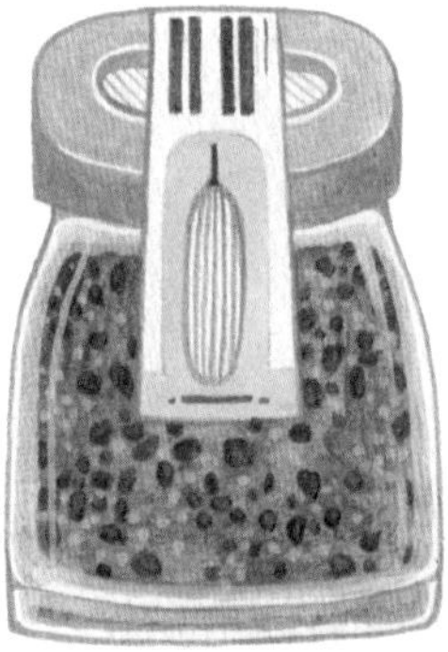

—美味区间—

未开封冷藏 30 天

对应节气：皆宜

1 荫瓜

越瓜与糖、盐、荫油、甘草荫渍而成，口感较脆瓜软烂，风味丰厚，佐饭粥皆宜。

2 脆瓜

又称花瓜，由小黄瓜与糖、盐、酱油等调味腌渍而成，爽脆口感与甘香，常在夏日餐桌出现，提振食欲的良贴。

3 绞肉

猪肉常绞成碎肉可塑性强、容易入味，中西料理皆宜。可在市场挑选新鲜猪肉绞碎，小包冷冻保存。

4 花椒油

红花椒主香、绿花椒麻辣，以花椒撞油迸发的辛辣香气，做川菜灵魂。

5 蒜

可以生食它的辛呛，煸干了又生焦香，三大必备香辛料之一，纵使有坏口气，我们还是爱吃蒜。

6 白胡椒

通常，我们白胡椒粉用得多，黑胡椒用得少，何时黑、何时白，何没有教条，但大家都知道。

7 酱油

每家厨房一定有酱油，所以怎能不挑剔，黑豆酿的，黄豆酿的，几天何法酿的；适合炒酿成的，适合卤的，的、适合卤的，搞懂了，选择才有意义。

8 盐

以前，我们有咸就好，对盐不细究，现在低钠盐、美味盐、岩盐、海盐、玫瑰盐……咸味逐渐有细节了。

9 姜

姜的老家在亚洲，内服外敷各有益处。内服祛寒提神、外敷可治跌打损伤，味辛而性温。

台湾酿酱 物产遇

100% SAUCE FOOD

风土食物 SEED

Taiwan pure=sauce

荫瓜仔肉酱与节气物产相遇

立春

韭菜/韭菜蛋饺

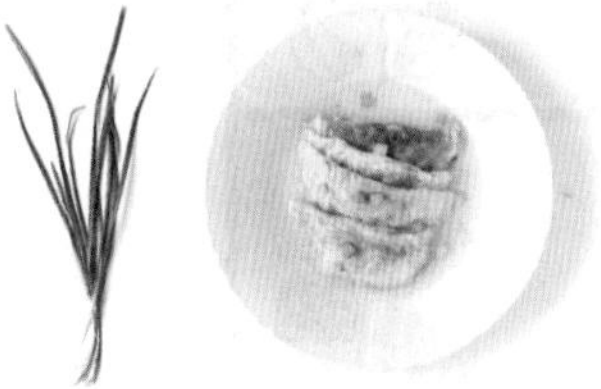

10分上桌

材料

韭菜	200克	地瓜粉	0.25茶匙
蛋	3个	苦茶油	适量
水	50毫升	荫瓜仔肉酱	2汤匙

做法

1 韭菜切小段，将荫瓜仔肉酱拌入韭菜成内馅备用。

2 平底锅放入油，煎蛋皮，在蛋成形还未熟时勺入内馅，马上将蛋皮对半翻折，成蛋饺后起锅。

3 调地瓜粉水勾芡，加入蛋饺稍煮即可起锅。

夏至

南瓜/酱烧南瓜

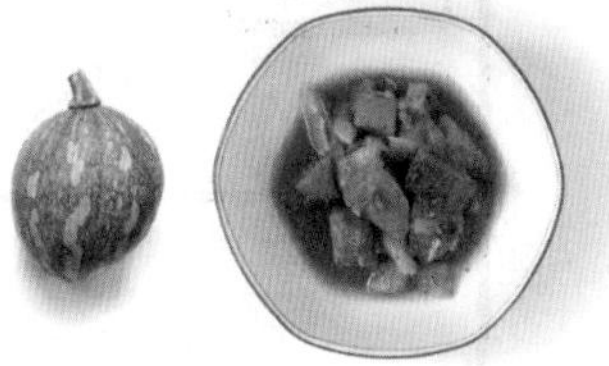

20分上桌

材料

洋葱	1个
南瓜	300克
荫瓜仔肉酱	2汤匙
水	120毫升

做法

1 洋葱和南瓜切块备用。

2 先将洋葱炒香，放入荫瓜仔肉酱后，再加水及南瓜块煮熟，转小火继续煮约10分钟即可。

立秋

莲藕/莲藕鸡汤

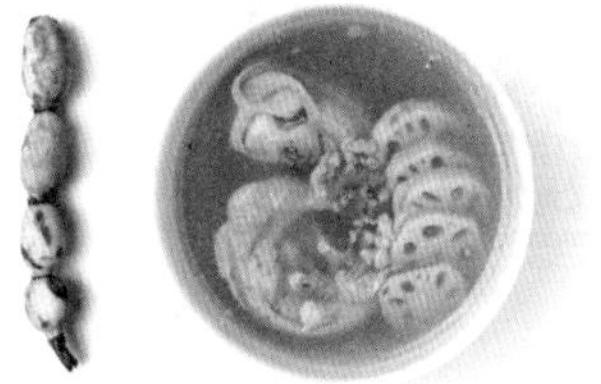

材料 30分上桌

鸡腿	1只
莲藕	400克
水	2000毫升
荫瓜仔肉酱	4汤匙

做法

1 鸡腿切块；莲藕去皮切片备用。

2 将鸡腿汆烫去血水后冰镇。

3 取一汤锅，注入水、荫瓜仔肉酱、莲藕一同煮滚，再加鸡腿以小火煮20分钟即可。

大雪

高丽菜/高丽菜卷

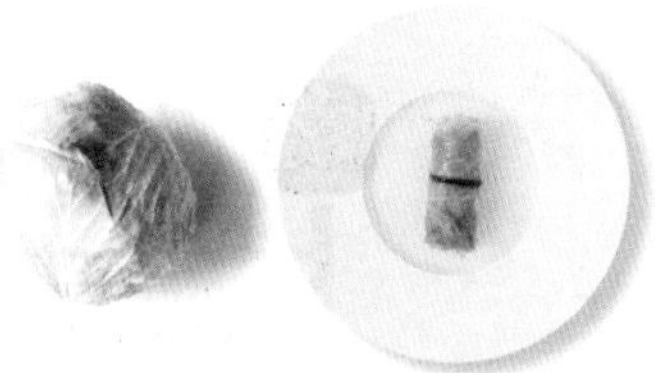

材料 15分上桌

白饭	2碗	水	50毫升
高丽菜叶	8片	太白粉	0.25茶匙
高汤	1杯	荫瓜仔肉酱	4汤匙
葱绿	8支		

做法

1 高丽菜叶和葱绿汆烫后冰镇备用。

2 白饭和荫瓜仔肉酱拌匀后，以高丽菜叶包裹成卷，以葱绿绑紧。

3 将高丽菜卷放入高汤煮滚后，调和太白粉水，勾薄芡即可。

台湾酿酱 他方遇

美国

夹馅食

America

从城市到快餐餐桌，从牛肉到肉排、配菜、酱料俱全的汉堡，出生德国而在美国出了头，从远征的克难行粮，到现代的省时与便捷，成就如今的美式快餐文化代表。

起司肉饼汉堡

材料

猪绞肉	400克
洋葱	1/4个
小黄瓜	1条
牛番茄	2个
美乃滋	2汤匙
起司片	4片
美生菜	4片
汉堡包	4个
苦茶油	1茶匙
荫瓜仔肉酱	4汤匙

做法

1 洋葱切丝；小黄瓜、牛番茄切片。

2 将荫瓜仔肉酱和猪绞肉混匀成肉饼馅，起油锅煎熟备用。

3 汉堡包横切后烤热，抹上美乃滋，依序放上美生菜、番茄片、黄瓜片、洋葱丝、起司片和肉饼即可。

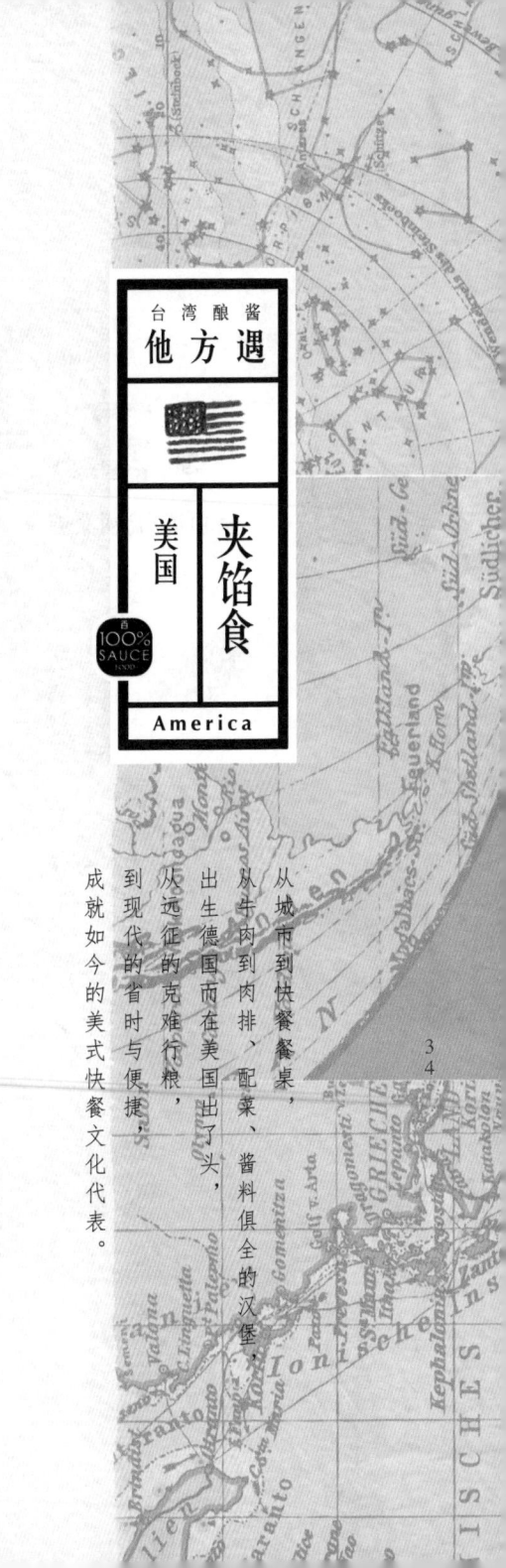

蚂蚁上树

100% SAUCE

台湾酿酱

相亲相爱

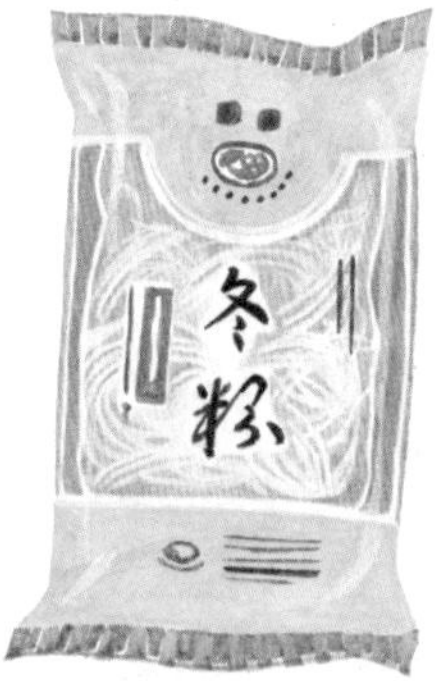

冬粉

以小麦面粉为主的面条世界
绿豆与米的面条相对出色
尤其冬粉
通条澄澈、闪亮而滑顺
亦较米粉与麦制的面条来得柔韧
台湾人直率，只觉得与节气相关
寒冷的冬季中蔬果寥寥
唯绿豆发得茂盛
以绿豆为原料的面条，有了时间的寓意

材料

- 冬粉 2把
- 笋 1/2支
- 葱 1支
- 荫瓜仔肉酱 2汤匙
- 辣椒 2条

做法

1 将辣椒切末备用。

2 冬粉先以冷水泡开；笋切丁备用。

3 荫瓜仔肉酱加水、笋丁及辣椒末烧开后，再加入冬粉，将汤汁煮至收干即可。

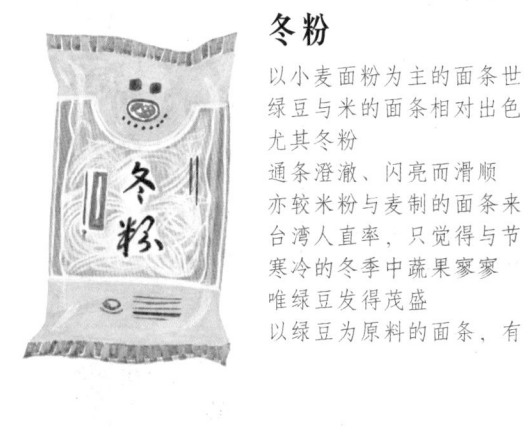

醬缸裡的 滴滴答答

100%
本产种作

百 100% SAUCE FOOD

咸菜

Salted Vegetables

长青菜色

我们何其有幸
古老的智能，一直坐享其成
榨菜和着肉丝难分难解
酸菜成就肚片汤、梅干扣封肉
我们就只是尝着、料理着，就赞不绝口
何况那源头如何腌腌晒晒
那是生菜无法表达的滋味
那是青菜无法企及的位阶
那是生鲜不可求的长青秘籍
咸菜
做到了

材料

梅干菜	1卷100克
橄榄	6个
苦茶油	4汤匙
酱油	2汤匙
糖	1/4茶匙
盐	2汤匙
水	500毫升

做法

1 梅干菜洗净，切末备用。

2 将新鲜橄榄压出裂缝，放入汤锅中，加入分量外的水煮开后冰镇，静置2~3小时。再重复上述步骤2次去其涩味备用。

3 起一油锅，加入橄榄炒香后，放入梅干菜末、糖、盐炒出香味，加入酱油持续拌炒，待酱香显出后注水煮滚，转小火续煮至水分收干即可。

Taiwan pure=sauce

身世族谱

客家的菜根经典［梅干橄榄酱］

梅干橄榄酱

烧扣肉、揉肉丸
去油解腻的咸甘

—美味区间—

未开封冷藏 30 天

对应节气：小寒

❶ 梅干

以盐腌渍、清洗、日晒、发酵，反反复复到完全干燥，就是梅干菜。与福菜、咸菜差别在于干燥度最高，越陈越香。

❷ 橄榄

苦尽甘来的典型，亦称谏果。目前台湾生产橄榄，以新竹宝山乡最多，为原生种改良，仍保留药性，于秋季果实成熟采收。

酱油 ❸

黑豆在台湾，不是被用来浸成黑豆酒，就是用来制豉、酿酱油。酱油，我们一直选黑豆。

盐 ❹

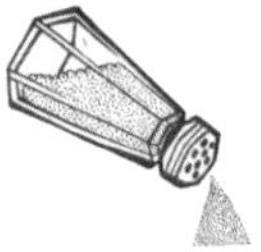

轻则提味，重则防腐保鲜，从轻到重，都点亮料理的光。

苦茶油 ❺

因为意大利太遥远，橄榄油的学问，还没搞懂前，先支持本产好油。

糖 ❻

舌尖的味蕾，首先要尝的就是甜，甜味最大来源—糖。糖从甘蔗里来，就可以一路从黑糖到冰糖。

台湾酿酱
物产遇
100% SAUCE FOOD
风土食物
SEED
Taiwan
pure=sauce

梅干橄榄酱 与 节气物产相遇

谷雨

竹笋/笋丁肉丸

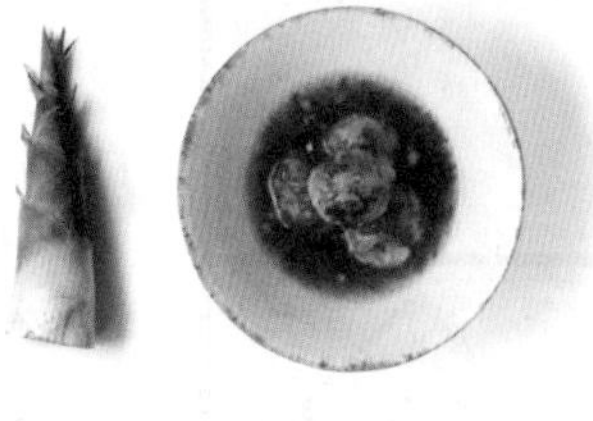

材料 20分上桌

猪绞肉	300克
竹笋	100克
梅干橄榄酱	2大匙

做法

1 竹笋切小丁备用。

2 猪绞肉、竹笋丁、梅干橄榄酱混合搅拌均匀至出筋，取适量肉丸放入电锅中，外锅加1杯水蒸熟即可。

夏至

冬瓜/梅菜蒸冬瓜

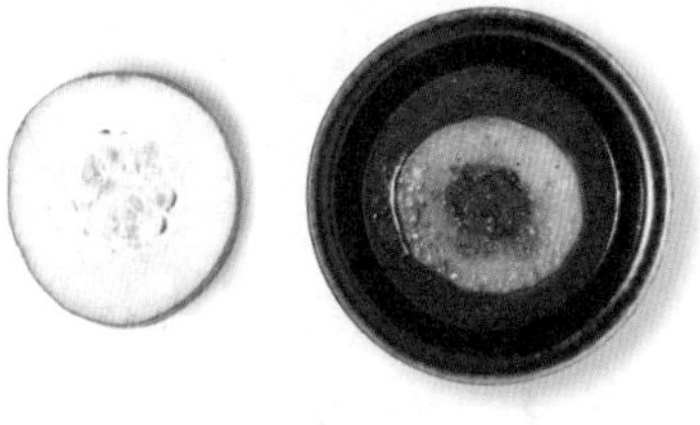

材料 15分上桌

冬瓜	400克
水	400毫升
苦茶油	适量
梅干橄榄酱	2汤匙

做法

1 起一油锅，将冬瓜煎上色后，加入梅干橄榄酱及水煮滚。

2 滚后转小火续煮至冬瓜熟透即可。

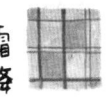

霜降

山药/酱拌山药

材料　10分上桌

山药　300克
苦茶油　1汤匙
梅干橄榄酱　2汤匙

做法

1 山药切成小段备用。
2 起一油锅，将山药煎熟后，再拌入梅干橄榄酱即可。

小寒

四季豆/干煸四季豆

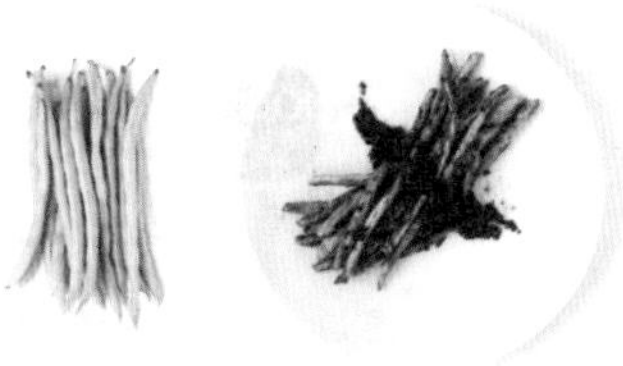

材料　5分上桌

四季豆　300克
苦茶油　适量
梅干橄榄酱　1汤匙

做法

1 起一油锅，将四季豆煸干后，拌入梅干橄榄酱即可。

硬粒小麦制成的spaghetti，修修长长，如天使的发丝，拿来清炒也拿来酱炒，有别中国以筷箸与巧劲吃面，意大利人将叉子以一当百。

台湾酿酱
他方遇
二

意大利
酱炒食
Italy

青酱意大利面

本意为捣碎、捣压的pesto，因国情而有了不同性格，青酱的青不仅仅是甜罗勒；中国人用九层塔，德国人用熊葱，阿根廷人用菠菜……绿蔬、大蒜、松子、盐与苦茶油，青酱的基础。

材料

洋葱	120克
透抽	200克
辣椒	1支
意大利面	400克
苦茶油	1汤匙
梅干橄榄酱	3汤匙

做法

1 洋葱切丝、辣椒切末备用；并将意大利面煮熟备用。

2 起一油锅，将洋葱丝炒香，再加入辣椒末，拌入梅干橄榄酱和透抽，最后再拌入意大利面混合均匀即可。

酱拌豆包

相亲相爱

台湾酿酱

100% SAUCE

材料

豆包	3个
金针花干	10朵
水	300毫升
苦茶油	适量
香菜	适量
梅干橄榄酱	1汤匙

做法

1 金针花干以分量外的水泡开，沥干水分备用；香菜切末。

2 起油锅将豆包煎上色，加入金针花干和梅干橄榄酱及水，烧至豆包吸饱汤汁，起锅盛起，撒上香菜末即可。

豆包

黄豆磨浆蒸煮后，
挑起浮在表面的金黄薄膜，
悬挂于杆，沥干层层对折叠起，
豆香味浓滑顺，
是素斋菜肴的最佳主角。

金针花干

象征母亲的金针花，
安神忘忧，
夏秋之际漫溢成海的金黄，
人称一日百合，
得在开花前采摘鲜蕾，
暴晒、焙制成干。

滚汤入水漂，
蜜香脆嫩不烂，
便是家常煮物之味。

酱缸里的滴滴答答

100%
本产种作

100% SAUCE FOOD

豆瓣

Bean Paste

豆子长了毛

美味经典往往出自偶然
但能流传几百年不息
便得有些必然
必然有无可取代的味道与饮食文化
豆子发了霉长了毛
发酵的瓣瓣豆子加辣椒
豆瓣酱是川味之魂
就像牛肉面在台湾生根演化一样
豆瓣也蕴成台湾味
成就一地风情的特产

材料

丁香粒 6个
花椒粒 1汤匙
八角 3个
豆瓣酱 5汤匙
沙茶酱 1汤匙
辣椒酱 1汤匙
酱油 3汤匙
苦茶油 2汤匙
姜片 3汤匙
蒜片 3汤匙

做法

1 起油锅，将花椒、姜片及蒜片煸香后，材料捞起，以余油炒香豆瓣酱、沙茶酱、辣椒酱、八角及丁香粒。

2 在原锅中加入酱油，持续拌炒到丁香粒、八角香味显出，再捞起材料，即可收酱起锅。

Taiwan pure=sauce

身世族谱

味辛性温的冬日良贴【丁香辣豆瓣酱】

风土食物 SEED

丁香辣豆瓣酱

一口辛香一口暖胃

—美味区间—

未开封冷藏 30 天

对应节气：皆宜

辛辣

❶ 丁香

丁香是植物的花蕾，干燥后可用于烹饪、焚香与腌渍食材。

❷ 八角

茴香科植物的干燥果实，于秋冬采摘，干燥后呈红棕或黄棕色，气味芳香而甜，可全果或磨粉使用，因形似八角几何得名。

❸ 沙茶

使用大量鳊鱼、虾米制成的沙茶，咸香厚味，蘸卤拌烤皆宜，火锅必备的佐料，亦是厨房必备的调味品。

❹ 花椒

又称川椒，状为球形，外皮红褐，晒干色黑。性温，味辛而麻，以粒大，皮紫红者为佳，料理上多用来增味除腥。

❺ 豆瓣

以黄豆或蚕豆、面粉发酵而成，台湾的豆瓣酱添入麻油等佐料改良，颜色深褐可作蘸料，颜色若红艳，辛辣感强，适合入菜。

辣椒 ❻

同样是红色辣椒，可以辣成墨西哥式、泰式，辣成川味，当然也有台式辣法。

蒜 ❼

我们每天料理用的蒜，价格起起伏伏，从产地到餐桌，其实有许多角力战。

酱油 ❽

豆与曲菌的交相作用，一直是东方料理中的重头戏，许多独特的味道，都从这里生出来。

姜 ❾

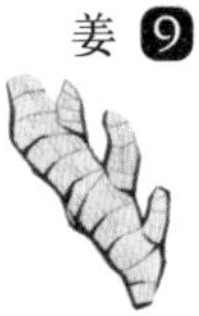

香辛里的辣，黄皮肤的姜，好似很配黄种人，咸的、甜的两相宜，嫩的、老的不冲突。

苦茶油 ❿

橄榄油，可以大老远，从意大利跑到台湾来；我们也有土产种作的苦茶油。

台湾酿酱
物产遇
100% SAUCE FOOD
风土食物
Taiwan
pure=sauce

丁香辣豆瓣酱与节气物产相遇

清明

毛豆/麻婆豆腐

15分上桌

材料

豆腐 1盒
毛豆 150克
水 200毫升
丁香辣豆瓣酱 1汤匙

做法

1 毛豆汆烫后冰镇备用。
2 起一油锅，将丁香辣豆瓣酱炒香，注入水，放入豆腐煮滚后转中小火，煮至豆腐入味，起锅前拌入毛豆即可。

小满

茭白笋/五更肠旺

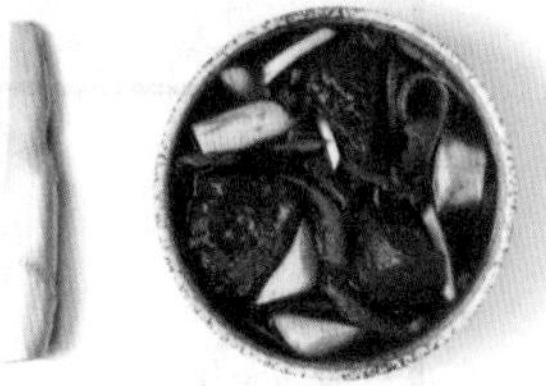

材料

大肠头 2条
鸭血 200克
茭白笋 200克
酸菜 适量
葱 3根
姜 20克
太白粉 0.25茶匙
水 50毫升
苦茶油 1汤匙
丁香辣豆瓣酱 2汤匙

做法

1 鸭血切块；茭白笋切滚刀块；酸菜切小段；葱切小段；姜切片备用。
2 大肠头、葱段及姜片加水一起煮，煮至大肠头可用竹签穿过的程度，约1.5小时，捞出切段备用。
3 起油锅，将丁香辣豆瓣酱爆香，加水，依序将鸭血、茭白笋、酸菜及大肠头煮熟。
4 起锅前，再调和太白粉水勾芡，再加上葱段即可。

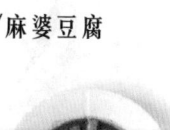

白露

茄子/豆瓣酱烧茄

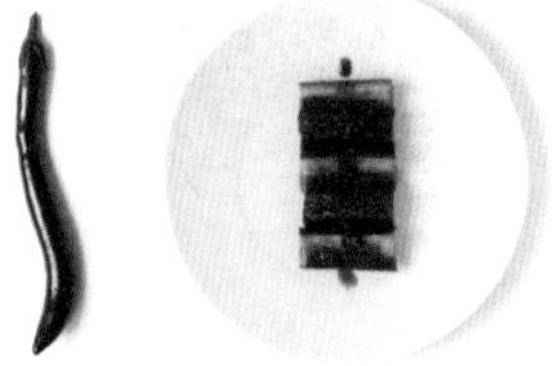

20分上桌

材料

茄子	3条
水	30毫升
丁香辣豆瓣酱	1汤匙

做法

1 茄子切小段备用。

2 取一汤锅，注入分量外的水煮滚后放入茄子，用一只大锅压住茄子，不让茄子浮出水面氧化变褐，烫熟后，冰镇沥干水分备用。

3 将香辣豆瓣酱加水煮开，浇淋在茄子上即可。

大寒

萝卜/红烧牛肉面

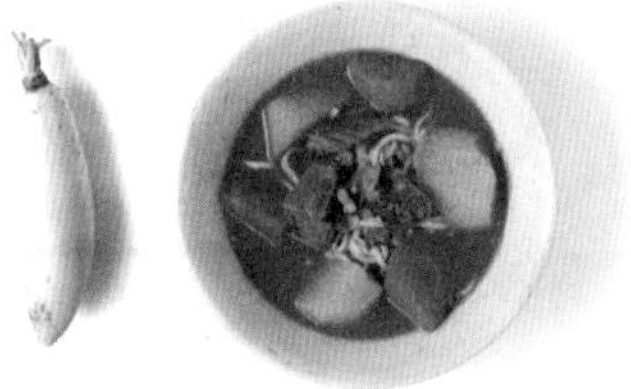

材料

白萝卜	1根	水	2000毫升
胡萝卜	1根	苦茶油	适量
牛腱	1只	丁香辣豆瓣酱	3汤匙
面条	400克		

做法

1 白、胡萝卜切大块备用；牛腱汆烫去血水备用。

2 取一汤锅，注入清水煮滚备用。

3 起油锅，煎香牛腱，加入丁香辣豆瓣酱拌炒，加入白、胡萝卜块炒香后，倒入清水汤锅里。

4 煮滚后转小火慢炖1.5~2小时，可依个人喜好增减时间。

5 食用时只要把面条煮熟，再加入牛肉汤即可。

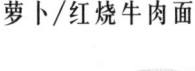

台湾酿酱

他方遇

韩国 热拌炒

Korea

以热石碗承载材料，涂上芝麻油，靠近碗面的米饭会变得色泽金黄，口感香脆。又有『媳妇饭』的别称。

石锅蔬菜拌饭

材料

白饭	4碗	蛋黄	4个
菠菜	60克	水	20毫升
黄豆芽	60克	苦茶油	1茶匙
胡萝卜	60克	丁香辣豆瓣酱	3汤匙
海带	60克	白芝麻油	1汤匙
牛肉片	200克	蒜泥	1汤匙
泡菜	120克	盐	0.25茶匙

做法

1 白芝麻油、蒜泥、盐调匀成调味酱备用。将菠菜、黄豆芽、胡萝卜、海带汆烫后过冰水，挤干水分，分别拌调味酱备用。

2 牛肉片用少许丁香辣豆瓣酱腌渍后，起油锅炒熟备用。

3 在石锅内抹上薄薄的白芝麻油后，放上白饭，再将菠菜、黄豆芽、胡萝卜、海带、泡菜依序排列饭上，在中间铺上牛肉片并放上一个蛋黄。

4 将石锅放在炉火上加热约5分钟，听到嗞嗞声后关火，上桌前将丁香辣豆瓣酱加水拌匀，淋在饭上，食用时将饭和菜拌匀即可。

相亲相爱

台湾酿酱

牛肉葱卷饼

100% SAUCE

材料

- 丁香辣豆瓣酱 3汤匙
- 牛腱 1只
- 葱 4支
- 葱油饼皮 4张
- 花生酱 2茶匙
- 水 2000毫升

做法

1. 葱切段；牛腱汆烫去血水备用。
2. 取一汤锅注入水，加丁香辣豆瓣酱煮滚后，放入牛腱煮熟至软嫩，汤汁收至一半左右捞起放凉，切片备用。
3. 起一油锅，煎熟饼皮备用。
4. 饼皮先抹上花生酱，再铺上牛肉片，最后加上葱段再卷起，切成段食用。

葱油饼皮

上市场买些菜，
摊家总会在袋里再塞把葱。
厨房力之首，
只消再混合些面粉，
最简单不过的葱油饼，
却是无价人情味。

花生酱

遍地开花
落地生果
其子榨油
蔓可为薪
台湾在地盛产

经炎炎日头暴晒后
以纯手工剥壳挑拣
筛选颗粒完整上选花生仁
盐炒、研磨
保留原始香气
细腻稠滑滋味

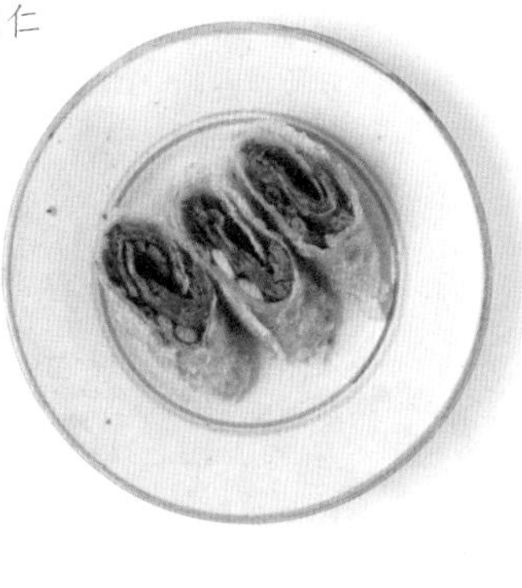

酱缸里的滴滴答答

100%
本产种作

百 100% SAUCE FOOD

豆腐乳

Fermented Soybean Curd

东方起司

如果起司是西洋的骄傲
那么豆腐乳是华人之光
借着看不见的曲菌作功
经过时间的细细转化
一块豆腐，摇身一变成为东方的起司
我们的生活起居
从一早喝的稀饭开始
就不能没有豆腐乳
豆腐乳久远得找不到发明人
在我们的世界里
也找不到不吃豆腐乳的人

材料

豆腐乳	110克
芫荽	20克
姜	20克
蒜	20克
香油	1茶匙
冷开水	2汤匙

做法

1 芫荽、姜、蒜切成末备用。

2 将所有食材均匀混合即可。

Taiwan pure=sauce

身世族谱

惹味的东方奶酪
[腐乳芫荽酱]

风土食物 SEED

腐乳芫荽酱

涮羊肉，炒青菜
清粥小菜的好朋友

—美味区间—

未开封冷藏 30 天

对应节气：皆宜

酱香

1 豆腐乳

又称腐乳或豆乳，为豆腐经腌制发酵而成，因各地风土、风味不同。通常四川腐乳辣，北京腐乳甜，绍兴腐乳则有酒香。

2 芫荽

嫩绿清香，祛腥味引鲜味，捏把屑末往汤里放，厚实的汤底有了新的层次。

香油 3

香油是白芝麻制成的。许多油是前导，香油专来殿后，为料理上光、增香。

蒜 4

乡下人家，都在檐下挂一大把蒜球，随时支持厨房零用。

姜 5

姜，颇富古早味，生的辣、熟的香，尤其是酱，总要有它撑住底韵。

腐乳芫荽酱与节气物产相遇

春分

白花椰/腐乳烤鸡佐白花椰

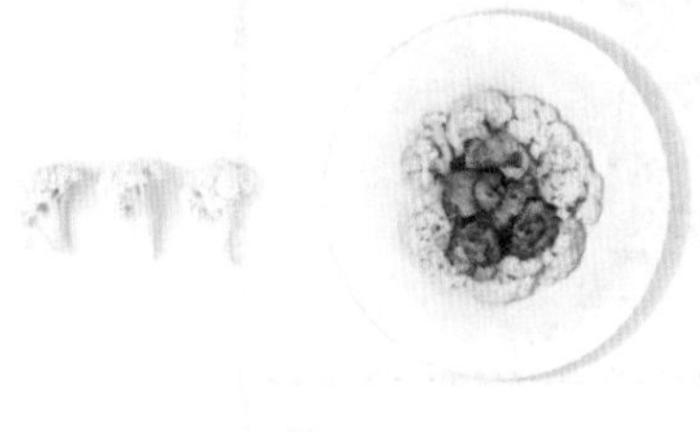

材料 30分上桌

去骨鸡腿 1只
白花椰 200克
苦茶油 1茶匙
腐乳芫荽酱 2汤匙

做法

1 去骨鸡腿切小块，和腐乳芫荽酱混合均匀，静置20分钟。
2 白花椰切小朵，汆烫后沥干备用。
3 起一油锅，将鸡肉煎熟后再拌入白花椰即可。

小满

空心菜/腐乳空心菜

材料 5分上桌

空心菜 250克
蒜 3瓣
苦茶油 1汤匙
腐乳芫荽酱 1.5汤匙

做法

1 空心菜切小段；蒜拍碎备用。
2 起一油锅，将蒜炒香后，再拌入空心菜炒熟，最后加入腐乳芫荽酱即可。

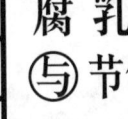

白露

茄/腐乳烤茄

15分上桌

材料

- 茄子 2条
- 苦茶油 1汤匙
- 腐乳芫荽酱 1.5汤匙

做法

1 茄子切成段后再对切备用。

2 将茄子抹上苦茶油后，置于已预热180摄氏度的烤箱中烤10分钟。

3 在茄子切面上涂上腐乳芫荽酱，再烤1分钟即可。

冬至

荸荠/腐乳羊肉炉

材料

- 羊腩 600克
- 白萝卜 300克
- 冻豆腐 300克
- 荸荠 200克
- 腐竹 2张
- 蒜苗 1根
- 八角 3粒
- 苦茶油 适量
- 酱油 少许
- 水 3000毫升
- 腐乳芫荽酱 3汤匙

蘸酱

- 香油 1茶匙
- 腐乳芫荽酱 1茶匙

做法

1 将香油和腐乳芫荽酱搅拌均匀，即可成蘸酱备用。

2 羊肉用少许的油煎上色后，加入白萝卜、荸荠和八角拌炒数下，再加入腐乳芫荽酱、酱油和盐持续拌炒让香气释出。

3 加水及腐竹、冻豆腐，炖煮2.5小时，食用时加蒜苗即可。

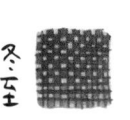

台湾酿酱
他方遇

酱烧烤

法国

France

中国与日本的芥末来自山葵，
法国的芥末承自去荚的褐色芥菜籽，
一开始是为了防腐，
后来成为锦上添香的醇美。
法国的勃艮第，用芥末籽磨成粉，
与未熟葡萄醋及香料共融，
成了如今辛辣清爽的法式芥末，
肉类料理的最佳伴侣。

法式芥末酱烤鸡腿

材料

去骨鸡腿	1只
腐乳芫荽酱	1.5茶匙
法式芥末酱	1.5茶匙
芝麻叶	适量

做法

1 将腐乳芫荽酱和法式芥末酱混合均匀备用。

2 将去骨鸡腿带皮的部分朝锅底贴先煎上色，再翻面煎1分钟，放入预热好的烤箱200摄氏度，烤至全熟约15分钟。

3 在烤好的鸡腿上均匀抹上混合好的酱，食用时再搭配芝麻叶即可。

京酱肉丝

台湾酿酱 **相亲相爱**

100% SAUCE

材料

荷叶饼皮	8张
猪肉丝	300克
玉米粉	适量
葱	4支
苦茶油	2汤匙
甜面酱	1汤匙
腐乳芫荽酱	1汤匙

做法

1. 葱切段，泡冰水；将猪肉丝加玉米粉混合拌匀，静置备用。
2. 起一油锅，将猪肉丝炒成白色盛起备用。
3. 原锅将甜面酱炒香后，再拌入腐乳芫荽酱，拌匀后再加入肉丝炒熟和蘸上酱汁。
4. 食用时再以荷叶饼皮包入葱段及肉丝即可。

甜面酱

以面粉为主的酿制酱，
借由发酵让淀粉散逸甜香，
借由时光催化成意味深长的褐，
拿来凉拌面，
拿来佐着片片烤鸭与葱，
或做酱爆菜色，
皆非甜面酱不可。

荷叶饼皮

状如荷叶得名
以热水烫面
揉捏成数个小面团
两两为伍以油相黏火烤
面皮薄而富弹性
卷着烤鸭葱段
卷着京酱肉丝
也卷着心头好

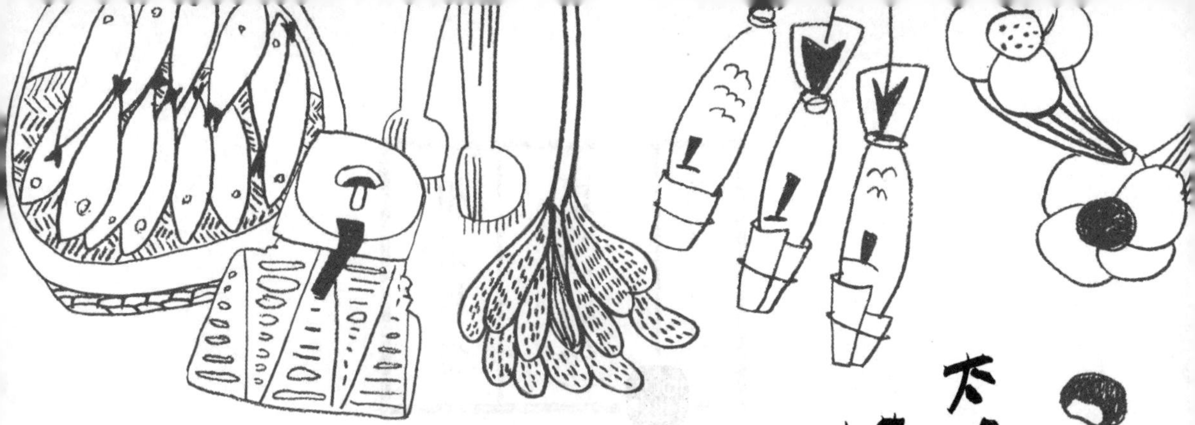

太陽與風
拂拂曬曬

100%
本产种作

虾米

Dried Shrimp

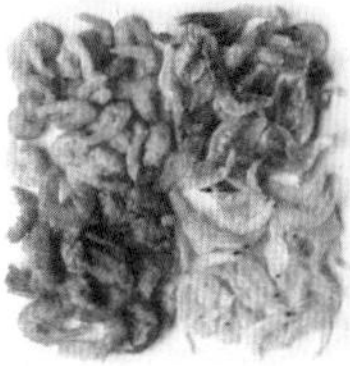

海味鲜记

浩瀚的汪洋里
有巨大的鲸鱼，也有微小的虾米
微小并不是微不足道
总是成群结队，以数大来说美
虾米是许多小虾的熟干品统称
小虾米名列海八珍
小虾米极富海之味
于是不靠海的山居人家
虾米便是海味的代表、鲜味的记忆
粥里要有小虾米
高丽菜、白菜也要小虾米
油饭米糕不可或缺小虾米
小虾米不只对抗大鲸鱼
还足以撑起海洋滋味记

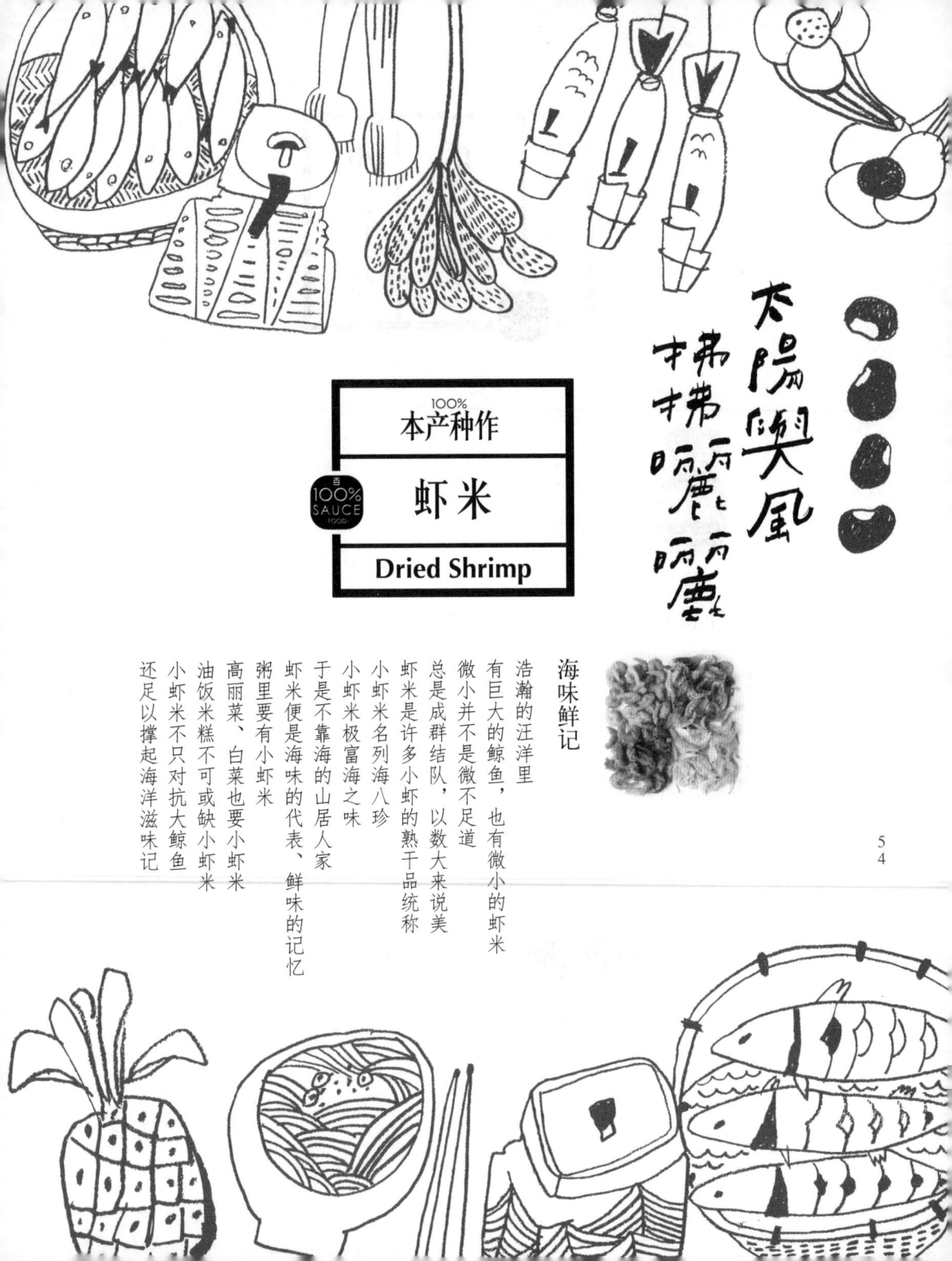

材料

开阳	20克
芋头	200克
葱	7克
姜	10克
蒜	7克
米酒	40毫升
清水	200毫升
苦茶油	2茶匙
盐	1茶匙
白胡椒粉	0.5茶匙

做法

1 开阳、葱、姜、蒜切末；将芋头削皮，其中150克芋头切片，加入清水煮成芋泥，另外50克芋头切成小丁备用。

2 热锅，加入油，以小火炒香虾米末和葱姜蒜末、芋头丁，待香味溢出后，加入米酒煮至收干。

3 最后加入煮好的芋泥，以盐、白胡椒粉拌匀调味即可。

Taiwan
pure=sauce

身世族谱

化作春泥的咸米香

[芋香虾米酱]

芋香虾米酱

煮米成粥、凝米成粿
锦上添花的馥郁

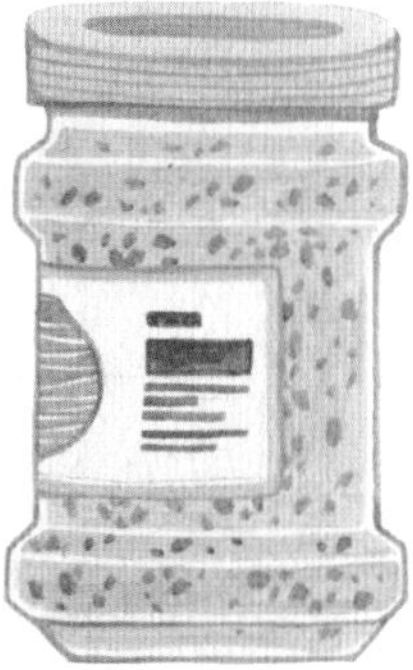

—美味区间—

未开封冷藏		
	30	天

对应节气：白露

❶ 开阳

即为虾米，外皮微红，肉黄白，风干的虾子拥有更隽永的潮骚。料理添一些虾米，就离海岸更近了些。

❷ 芋头

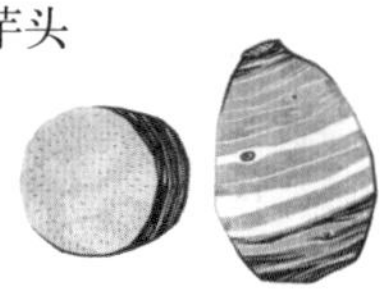

台湾种植最广为槟榔心芋，皮褐肉白，有紫红筋丝，纤维细、粉质高，香气浓郁，可烹为米粉汤，也可制为糕点。

❸ 葱

一节白皙，一节翠绿，与蒜互为家常调味的辛香兄弟。

蒜 ❹

对待蒜，外国常是秀气切片，我们习惯大刀一拍，两者会做出的料理也不同。

姜 ❺

姜，颇富古早味，生的辣、熟的香，尤其是酱，总要有它撑住底韵。

米酒 ❻

单纯的米，简单地酿，就有隽永的香，上不上下不下的浓度，专供料理。

苦茶油 ❼

那些油，多用来高温炒炸食物，苦茶油，更适低温蘸拌食物。

台湾酿酱 物产遇

100% SAUCE 1000

风土食物 SEED

Taiwan pure=sauce

芋香虾米酱与节气物产相遇

立春

韭菜/韭菜煎饼

材料

韭菜	150克	鸡高汤	400毫升
鸡蛋	2个	苦茶油	40毫升
高筋面粉	300克	盐	0.5茶匙
芋香虾米酱	80克		

做法

1 韭菜洗净，切2厘米小段；高筋面粉过筛备用。

2 将高筋面粉、高汤、鸡蛋、芋香虾米酱均匀拌好，加入韭菜段。

3 以小火热锅，热油，取1份约80毫升的面粉糊，慢火煎熟至两面金黄即可。

小暑

丝瓜/镶烤丝瓜

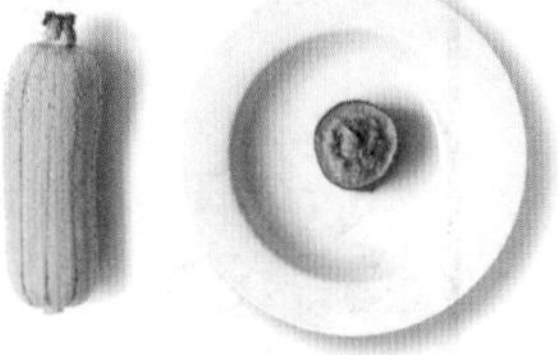

材料

丝瓜	80克
芋香虾米酱	2茶匙
苦茶油	20毫升
盐	1茶匙

做法

1 丝瓜带皮切6~8厘米宽的圆柱状，中心挖深2厘米圆。

2 在挖好的丝瓜盅内填入芋香虾米酱，加上苦茶油和盐调味。

3 以烤焙纸包裹住镶好的丝瓜盅，不需封口，取一烤盘放入，烤箱设定190摄氏度，烘烤10分钟即可。

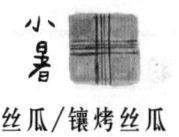

立秋

苹婆/苹婆炖汤

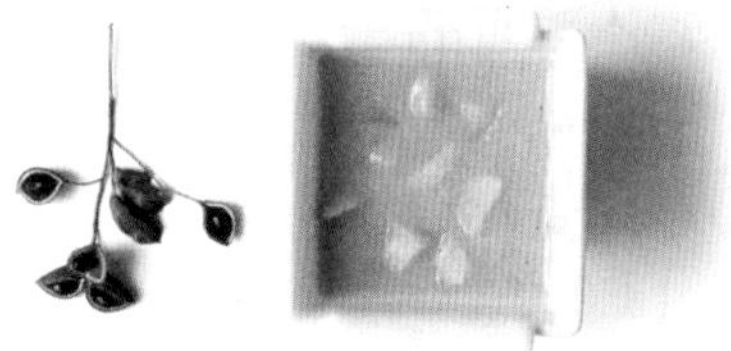

材料

苹婆	500克	盐	1茶匙
芋香虾米酱	120克	白胡椒粉	0.5茶匙
高汤	700毫升		

做法

1 取一汤锅，注水加热煮苹婆40分钟，取其果肉250克，加入高汤煮滚后，以食物调理机搅打至浓稠状。

2 加入芋香虾米酱、盐、白胡椒粉调味后，倒回汤锅，再次煮滚即可。

小雪

大白菜/酱烧白菜

材料 20分上桌

大白菜	500克	高汤	300毫升
芋香虾米酱	150克	苦茶油	15毫升
蒜	20克	盐	1茶匙

做法

1 将大白菜切成长条状，蒜切片备用。

2 热锅，加入油，以小火煎香蒜片后加入白菜、芋香虾米酱拌炒，再倒入高汤，以盐调味，继续煮3～5分钟至白菜软烂，略微收干汤汁。

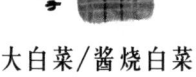

58

随兴的浓汤材料，
海鲜、培根，或蔬菜，
在鲜奶与鲜奶油中相聚转化，
混合出浓郁的汤之味。
碗底的一点余汤，
还能佐着小圆面包、牛角面包，
Chowder，
食材融会贯通的滋味。

巧达海鲜浓汤

材料

白虾	8只
海瓜子	200克
芋香虾米酱	3汤匙
起司丝	0.5杯
水	600克
西洋香菜末	1汤匙
苦茶油	1茶匙

做法

1 将芋香虾米酱加水置于汤锅煮开，再加入白虾、海瓜子煮熟后，加入起司丝化开。

2 食用时再淋上苦茶油，撒上西洋香菜末。

酱烧飞鱼干

100% SAUCE

飞鱼干

每至春风三月，
便随着洋流游至太平洋侧，
乘着闪耀波光跃出水面，双翅一展，
成群滑过浪头，
正式宣告飞鱼季节来临。

出海捕捞，
趁夜刮鳞、剖腹、除脏、盐腌，
长时间慢火熏烤制成干，
咸香下饭的滋味，
是祈丰感恩的文化底蕴。

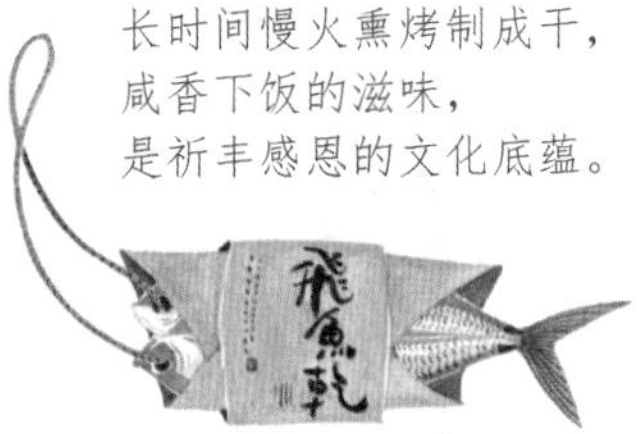

材料

飞鱼干 1个
地瓜 300克
芋香虾米酱 1汤匙
乌醋 1汤匙

做法

1 地瓜切滚刀块备用。
2 将芋香虾米酱用100毫升的水调开备用。
3 在锅中注入300毫升的水煮滚后，放入飞鱼干及地瓜煮沸，小火继续煮10分钟后，加入调好的芋香虾米酱，淋上乌醋，煮至入味即可。

乌醋

炊蒸米饭，入曲发酵成醋，
工序繁复谨慎，
半年时光酿制，
黑沉沉坚实的醋底。

香气浓、弱酸度、微甘甜，
做羹烫面都好。

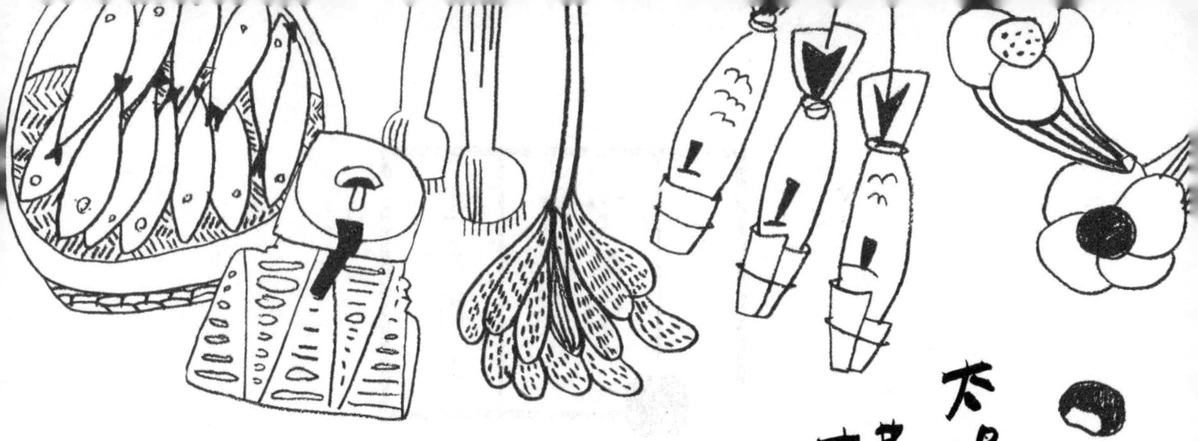

太陽與風 拂拂曬曬

100%
本产种作

咸鱼

Brined Fish

不比生鲜逊色

海给了我们盐
也给我们鱼
我们用轻轻一点盐
鱼的鲜美顿时拉提
我们用重重一把盐
用咸鱼对抗时间
咸鱼，意味着
一种量产、新鲜稍纵即逝……
咸鱼却也另辟了一条蹊径
另创一番风味
干煎油香，一块咸鱼便下几碗粥饭

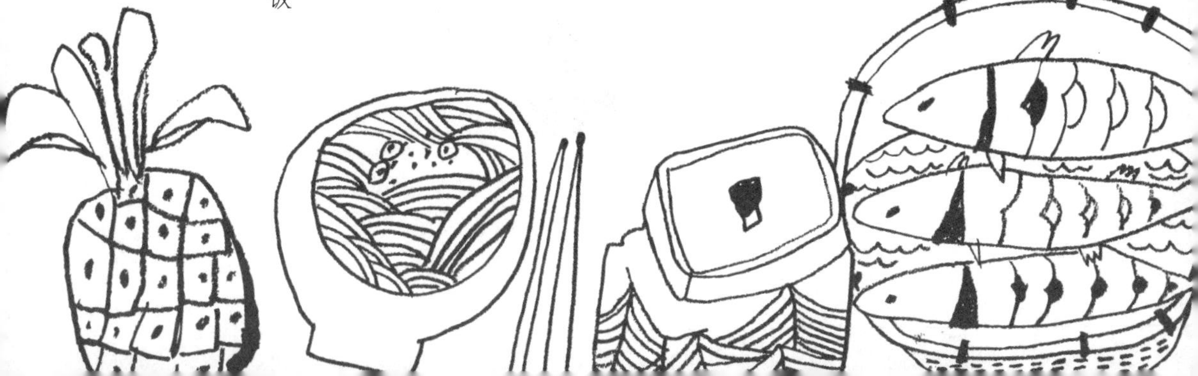

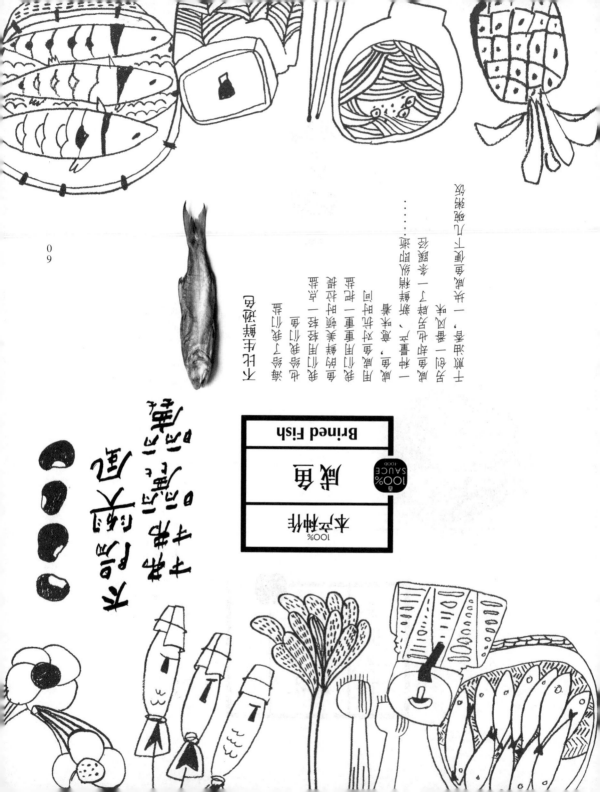

材料

咸鱼	250克
鸡胸肉	300克
葱	40克
姜	60克
米酒	150毫升
洋葱	100克
香菜梗	20克
酱油	20毫升
蔗糖	45毫升
苦茶油	400毫升
高汤	100毫升

做法

1 咸鱼处理鱼体可先取肉下来，以小火慢煎至酥，保留煎油去煎剩下的骨头至酥后刮下骨上肉，加入煎酥的鱼体肉切小丁，小火炒干松。

2 以苦茶油炒香洋葱、葱珠、鸡肉丁，至洋葱略微上色，加入酱油、米酒略翻炒。

3 再加入高汤、蔗糖微煮至干，加入干松的咸鱼丁、姜丁、香菜梗。

4 拌炒至香气散出，加入剩余的苦茶油，冷却后保存。

Taiwan
pure=sauce

身世族谱

沿海民族的事业
[咸鱼鸡粒酱]

风土食物 SEED

咸鱼鸡粒酱

炒饭粒粒明白酱也清楚
有口感，有滋味

—美味区间—

未开封冷藏 30 天

对应节气：皆宜

犟窗

1 咸鱼

海鲜盛产，去化不易，保鲜不易，盐腌起来的咸鱼，是阳光与海的保存食。

2 鸡胸肉

鸡胸肉蛋白质含量高，脂肪低，易于吸收，鸡肉里最大块部位。

3 葱

台湾的宜兰葱，将葱带往清甜多汁，还有一棵，浓烈香辛为要。

4 姜

祛寒抗湿、补中益气，是我们食补中，便利的要角。

5 洋葱

洋葱的辛辣味来自硫元素，常用来熬汤底、拌沙拉。生食辛辣，煮熟甘甜。

6 苦茶油

苦茶油不只适合低温拌蘸，它还耐高温油烟少，能炒能炸。

7 米酒

米酒，我们少当酒喝，却拿来当汤喝。

台湾酿酱 物产遇

风土食物

Taiwan pure=sauce

咸鱼鸡粒酱与节气物产相遇

谷雨

地瓜/地瓜馅饼

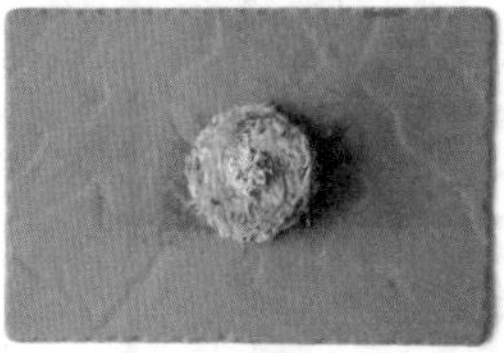

材料 5分上桌

蒜苗青	30克
地瓜	160克
芹菜叶	20克
咸鱼鸡粒酱	15克
太白粉	50克
苦茶油	15毫升

做法

1 地瓜削成细丝，蒜苗青切丝备用。

2 均匀混合所有材料成馅，油煎至熟即可。

芒种

空心菜/空心菜蒜汤

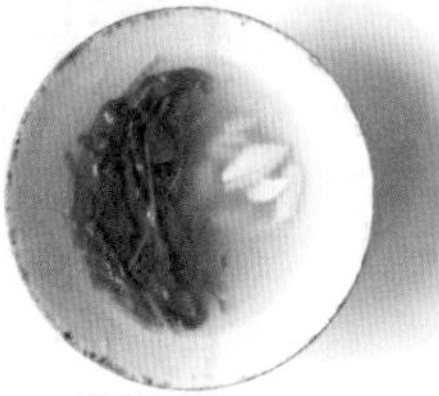

材料 10分上桌

空心菜	60克
咸鱼鸡粒酱	45克
高汤	800毫升
蒜	80克
苦茶油	20毫升

做法

1 起油锅炒香蒜与咸鱼鸡粒酱至略收干时加入高汤，煮滚后加入空心菜即可。

白露

茄/红烧茄煲

15分上桌

材料

茄子 250克
豆腐 200克
咸鱼鸡粒酱 25克
辣椒片 2克
酱油膏 15克
高汤 220毫升
蒜 8克
苦茶油 20毫升

做法

1 蒜切成片备用。
2 煎香豆腐上色后，加入茄子、蒜片续煎上色。
3 加入辣椒片、高汤、酱油膏与咸鱼鸡粒酱一起烧入味即可。

大雪

萝卜/炖煮萝卜

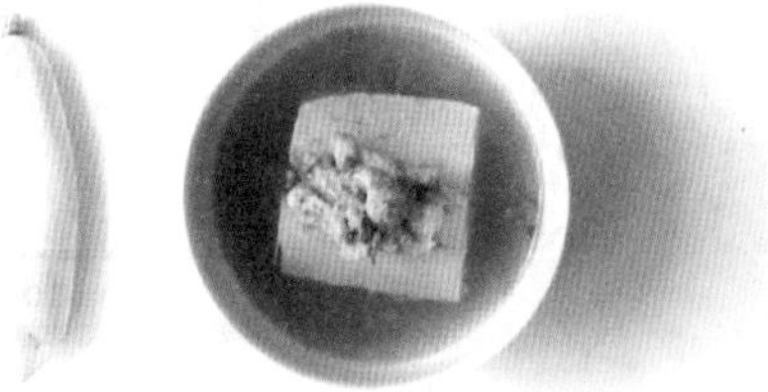

25分上桌

材料

芹菜 40克
萝卜 280克
高汤 500毫升
咸鱼鸡粒酱 40克
猪肉 80克
苦茶油 10毫升

做法

1 以油炒香猪肉后，加入咸鱼鸡粒酱与高汤煮滚。
2 加入带皮洗干净的萝卜条，小火炖至松软。
3 食用前撒上芹菜末即可。

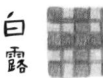

台湾酿酱

他方遇

功夫炒

粤式

Guangdong

指一广泛烹调方式，
多以强火、高油温为主，
需视材料多寡和刀工细粗为界，
调整烹调热接触的时间、油量。

咸鱼鸡粒炒饭

材料

白饭	260克
咸鱼鸡粒酱	55克
葱花	40克
蛋液	120亳升
苦茶油	30亳升

做法

1 大火炒蛋花完成时，加入咸鱼鸡粒酱稍拌炒后加入白饭。

2 转中火继续拌炒均匀，最后加入葱花即可。

相亲相爱

台湾酿酱

酱拌米粉

100% SAUCE

在来米粉

三分日晒、七分风干
无风不存的柔韧

把稻米做成粿
压成细丝
开启米的第二人生

材料

豆干丝	80克
香菇丝	50克
红葱片	25克
蛋丝	40克
米粉	260克
咸鱼鸡粒酱	25克
苦茶油	40毫升
酱油	20毫升
高汤	70毫升

做法

1 油干煎豆干丝、香菇丝、红葱片上色，香气散出后加入咸鱼鸡粒酱与高汤。
2 加入米粉翻炒至汤汁收干。
3 食用时，再加入蛋丝即可。

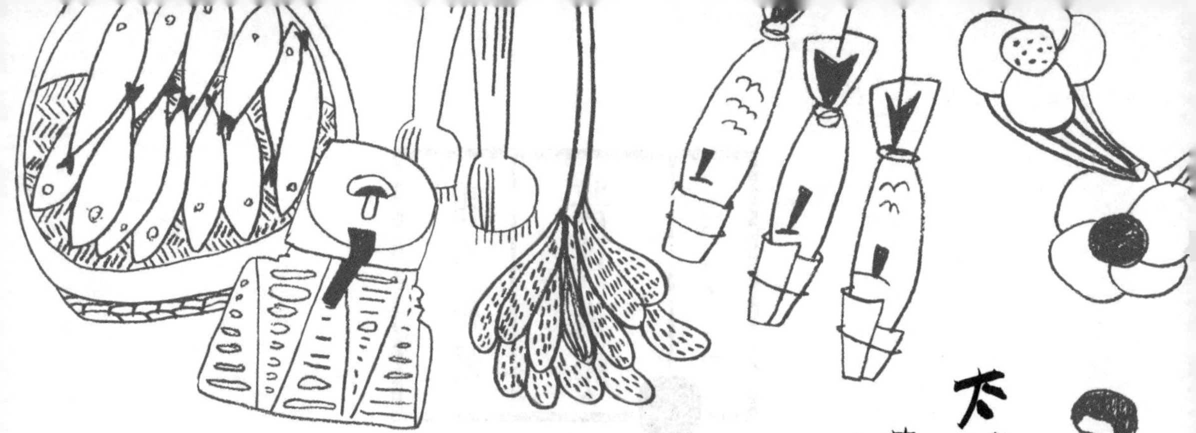

太陽與風 拂拂曬曬

100%
本产种作

百 100% SAUCE FOOD

鱼干

Dried Fish

海味浓缩与还原

有些鱼适合沙西米，熟了便显得老
有些鱼适合煎、有些专用来蒸煮
还有一些鱼在煎煮炒炸里都挤不上榜
天生我才必有用
纵使它多刺、肉硬、味道一般……
人们总会找到它的强项
创出逼出美味的诀窍
鱼干便是一绝
鲣鱼焙成如柴的干块
多刺的鳊鱼干是火锅汤底
飞鱼、鱿鱼、四破、丁香……
只要阳光充足
海鲜随即浓缩耐贮
任你随时还原海味

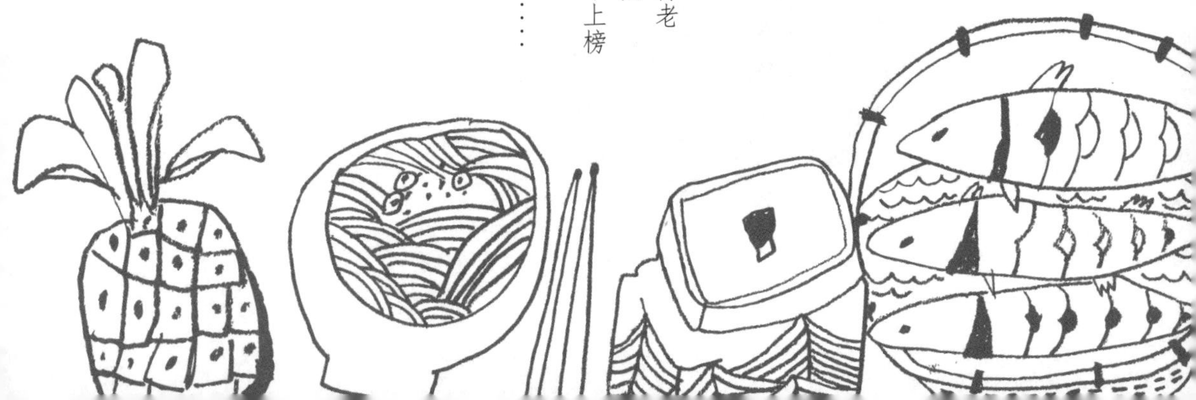

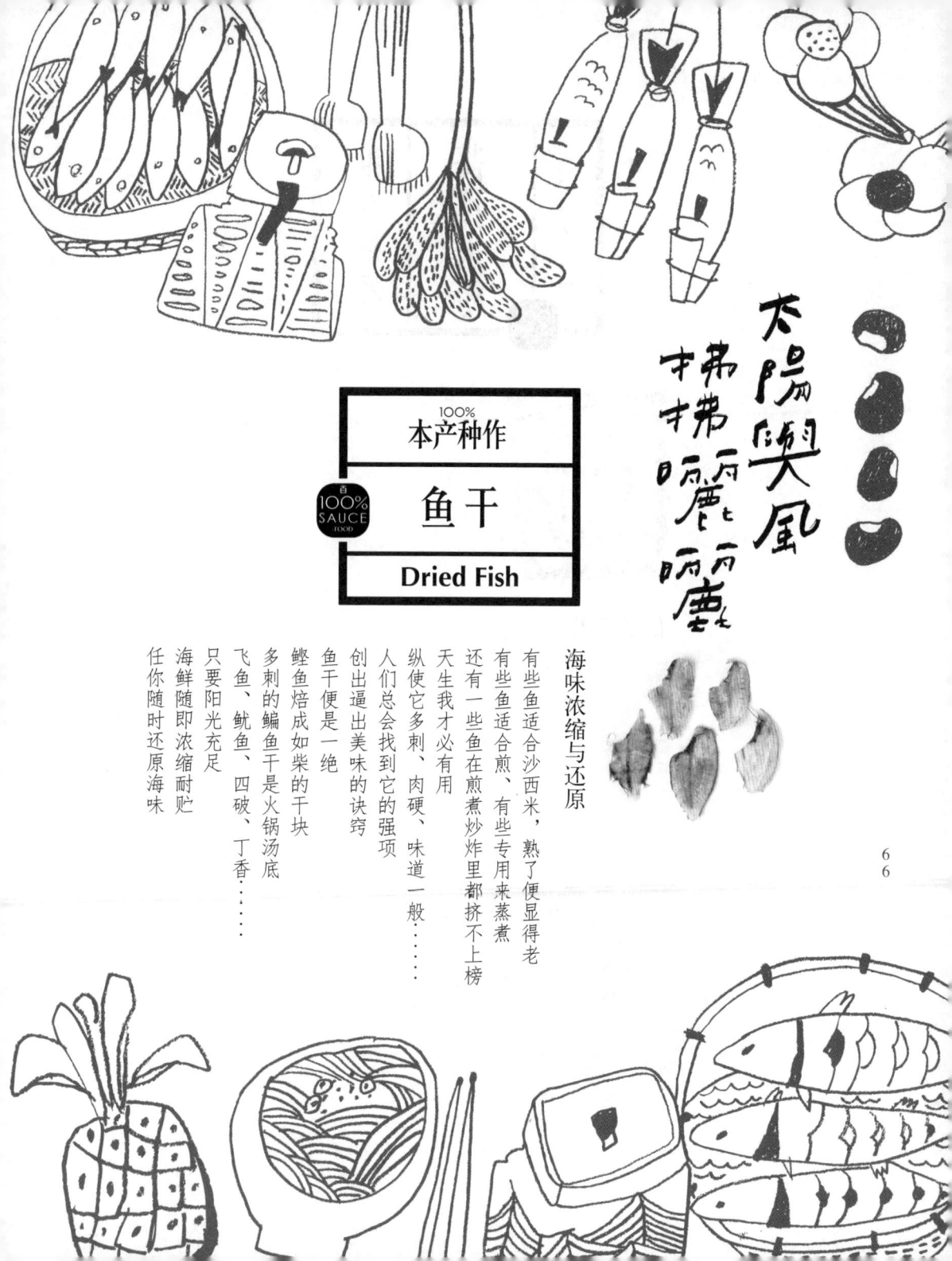

材料

鳊鱼	50克
虾米	10克
干香菇	1个
红葱头	30克
蒜	30克
肉桂粉	0.5茶匙
白胡椒粉	0.5茶匙
米酒	3汤匙
盐	适量
酱油	适量
苦茶油	3汤匙

做法

1 干香菇、红葱头、蒜切末备用。
2 鳊鱼以米酒浸泡10分钟，用小火煸香。
3 将虾米、干香菇末、红葱头末、蒜末煸香酥备用。
4 再将做法2、3的材料于锅里炒匀，加入酱油释出酱香，再加入肉桂粉、白胡椒粉炒香。
5 最后以盐调味即可。

Taiwan
pure=sauce

身世族谱

卤白菜的精粹
[香菇葱蒜鳊鱼酱]

风土食物
SEED

香菇葱蒜鳊鱼酱

羹汤底，烧鱼头
用小油小火爆出香气蒸腾

—美味区间—

未开封冷藏
30 天

对应节气：小雪

❶ 鳊鱼

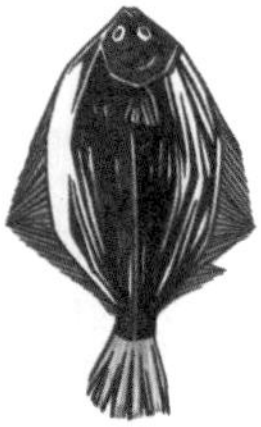

形扁肉少，常烘晒干后，用于爆香或熬煮汤底，是台式料理如卤白菜不可或缺的底味。

❷ 干香菇

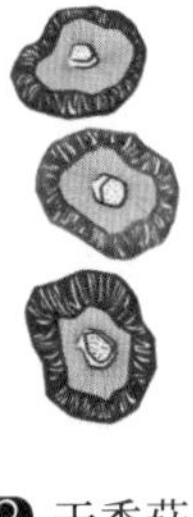

以相思木屑养菌，无污染的浅焙干香菇。紫外线焙晒，让香菇的麦角固醇转化成更多维生素D，香气越发浓烈。

❸ 红葱头

顶尖底圆，辛辣感略逊于蒜头，常制为油葱，增口感添香气，每一罐油葱都是自家的待客应变之道。

虾米 ❹

虾米，是海洋鲜味的使者，一小撮小虾米爆香，就可以撑起一锅鲜美。

蒜 ❺

道道料理中，几乎都用得上蒜，用得频繁用得习惯，便成特色。

肉桂 ❻

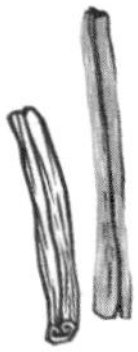

樟科树皮干燥品，常见棍棒及粉末两种形态。可为肉类料理去腥，亦可为料理及饮品增添香气。

白胡椒 ❼

胡椒的香与辣，白胡椒不喧宾夺主，不抢味，也不抢色。

台湾酿酱 物产遇 100% SAUCE FOOD 风土食物 SEED Taiwan pure=sauce

香菇葱蒜鳊鱼酱与节气物产相遇

立春

箭笋/箭笋赤肉羹

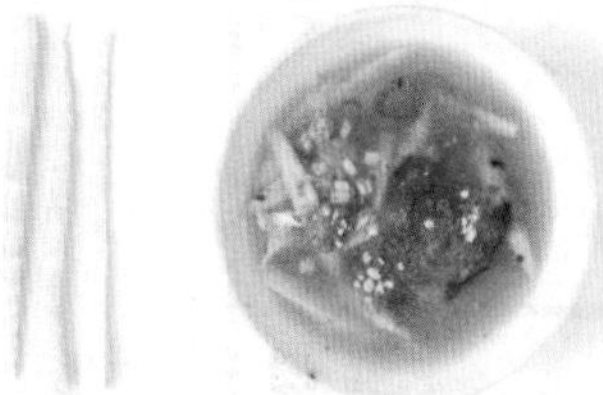

30分上桌

材料

香菇葱蒜鳊鱼酱	2汤匙	酱油	1茶匙
箭笋	200克	盐	适量
胛心肉片	200克	白胡椒粉	适量
太白粉	3汤匙	水	600毫升

做法

1 箭笋斜切小段备用。

2 将胛心肉片、太白粉、酱油拌匀静置10分钟备用。

3 取一汤锅，注入清水和香菇葱蒜鳊鱼酱，滚沸后加入箭笋和胛心肉片，肉熟透时再加盐调味，最后以太白粉勾芡成羹状。

4 食用时撒上白胡椒粉即可。

夏至

瓠瓜/酱烩瓠瓜

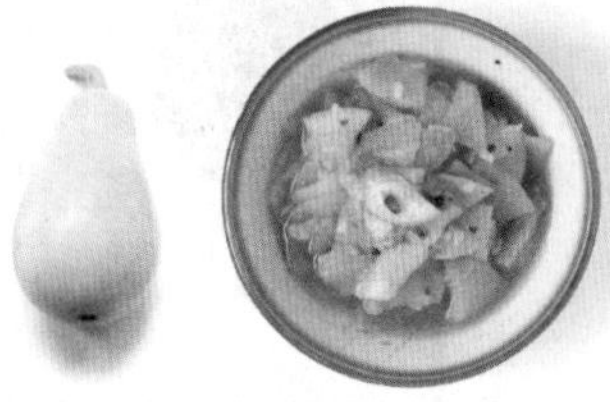

15分上桌

材料

瓠瓜	1条
苦茶油	1汤匙
盐	适量
香菇葱蒜鳊鱼酱	3汤匙

做法

1 瓠瓜削皮后对切，去子切片备用。

2 起一油锅，将瓠瓜片拌炒过，再拌入香菇葱蒜鳊鱼酱，加些许水拌炒至汤汁收干，最后再以盐调味即可。

秋分

虱目鱼/虱目鱼粥

25分上桌

材料

虱目鱼肚 1片
白饭 2碗
盐 适量
水 1500毫升
香菇葱蒜鳊鱼酱 1.5汤匙

做法

1 虱目鱼肚切片备用。
2 取一汤锅，注入水和香菇葱蒜鳊鱼酱滚沸成汤底。
3 将白饭和虱目鱼一起加入煮滚，至鱼片熟透后再以盐调味即可。

小雪

大白菜/鳊鱼白菜卤

材料

白菜 600克
酱油 3汤匙
苦茶油 3汤匙
盐 适量
香菇葱蒜鳊鱼酱 4汤匙

做法

1 将大白菜洗净，分开菜叶和菜梗备用。
2 起一油锅，将菜梗拌炒至软后，拌入菜叶略炒几下加入酱油释出酱香。
3 原锅加入香菇葱蒜鳊鱼酱，煮滚后盖锅续煮20分钟，直到白菜软烂再以盐调味即可。

台湾酿酱
他方遇

焖炒食

西班牙

100% SAUCE

Spain

从熬汤、翻炒到焖煮，
看似粗犷，料理起来却极其繁复，
将汤汁吸足的半熟长米，
是西班牙人欢喜的嚼劲，
亦是一种集体同欢的大锅食。

Paella本意为锅，
在西班牙文中用来专指海鲜炖饭，
初始单一的鱼饭、贝饭，
在殖民迁徙间，添了更多海鲜，
但无论哪一方的演变，
都脱不了世上最昂贵的香料—番红花，
用其统一海鲜炖饭的色泽与香韵。

材料

香菇葱蒜鳊鱼酱	3汤匙	匈牙利红椒粉	0.5茶匙
洋葱	1个	姜黄粉	0.5茶匙
淡菜	12个	月桂叶	1片
花枝	1只	苦茶油	2汤匙
虾	12个	盐	适量
豌豆	100克	白酒	3汤匙
白米	2杯	茴香叶	适量

做法

1 淡菜洗净；虾剪去触须及脚；洋葱切丁、花枝切圈备用。

2 起一油锅，将洋葱炒香，再加入香菇葱蒜鳊鱼酱、白米拌炒均匀。

3 原锅依序加入淡菜、花枝、虾、豌豆、匈牙利红椒粉、姜黄粉、月桂叶、盐拌匀，注入白酒，再加入足以盖过食材的清水，煮滚后盖上锅盖，以小火续煮至米熟透即可。

4 起锅前撒上茴香叶即可。

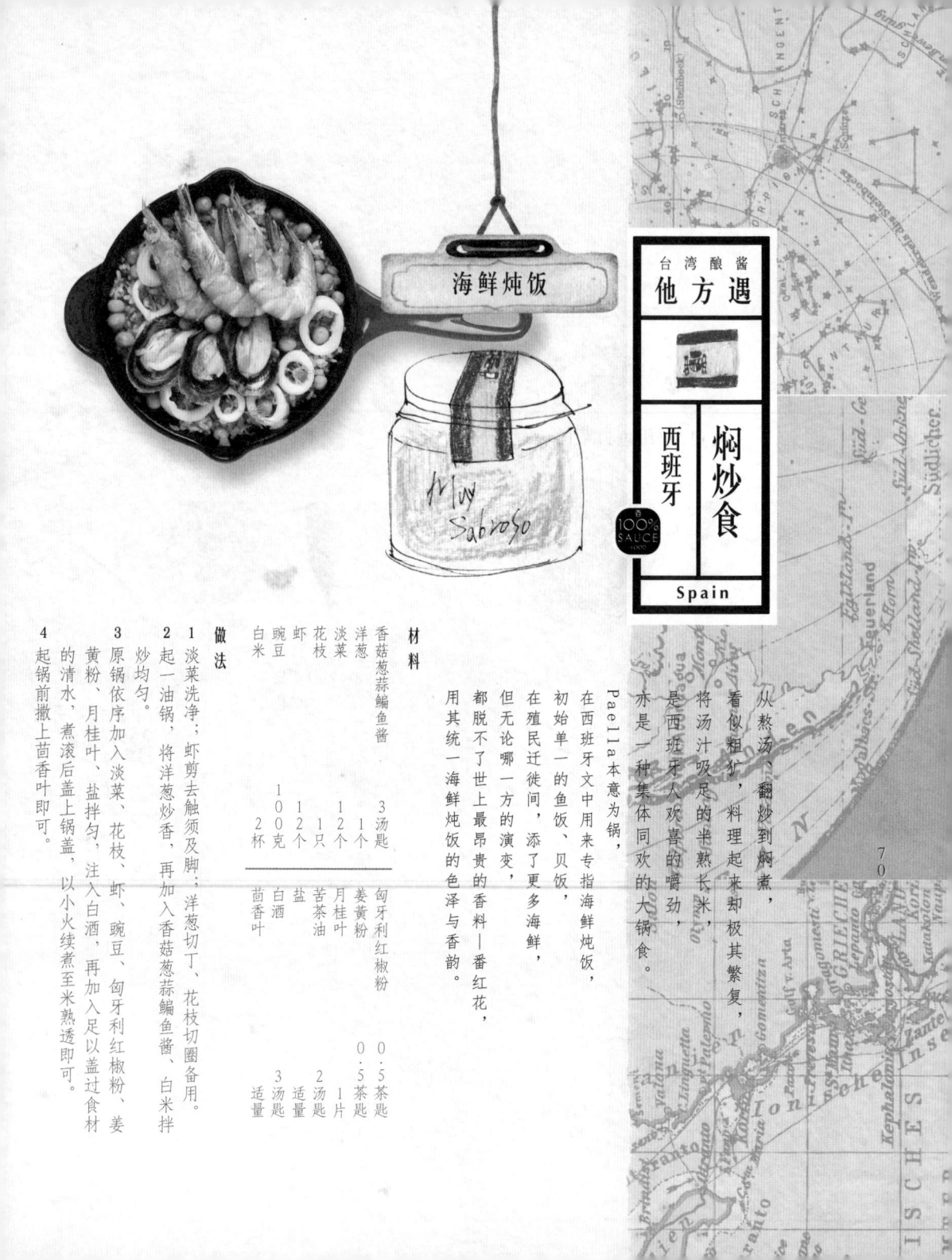

相亲相爱

台湾酿酱

沙锅鱼头

100% SAUCE

材料

香菇葱蒜鳊鱼酱	4汤匙
大鲢鱼头(炸过)	1个
大白菜	600克
芹菜	2根
芋头	100克
腐竹	4片
冻豆腐	250克
金针菇	1包
沙茶	1汤匙
盐	适量

做法

1 大白菜洗净后切大块；芹菜汆烫备用。
2 腐竹泡水发好，卷成卷，以烫好的芹菜绑着固定。
3 取一汤锅，依序加入香菇葱蒜鳊鱼酱、大鲢鱼头、大白菜、腐竹卷、冻豆腐、芋头、金针菇、沙茶，煮滚沸后再以小火续煮10分钟。
4 以盐调味即可。

沙茶酱

名字有茶，却与茶无关，
原是改良自南洋沙嗲酱，
流行于潮汕地区，
普通话的嗲，
同了闽南话读音的茶，
阴差阳错，却也自立起门派，

虾头拌盐腌制保存，
磨细再以沸油炸透，
复合咸香鲜甜，
最对饕客们锅鼎之味。

腐竹

豆磨成浆，蒸煮滚沸冷却后，
浮在表面的蛋白质薄膜，
揭下，晾干，
即成了半透明的腐衣，
味甘醇而豆香浓。

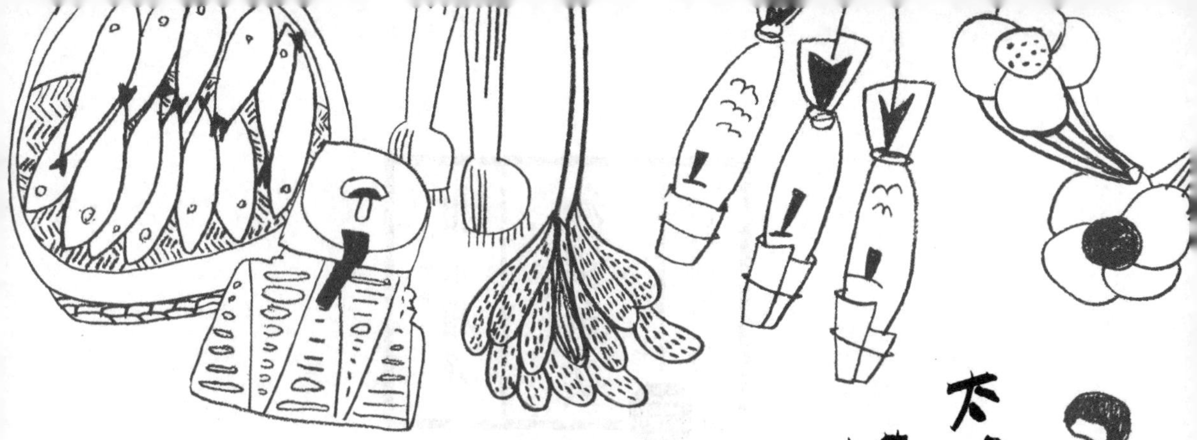

太陽與風 拂拂曬曬

100%
本产种作

菜干

Dried Vegetable

古早味菜菜

食品加工一直在保鲜里究极
蔬菜水果可以在某条件下冻龄
回到常态也只微微走味
像低温脱水干燥的蔬菜
开水一冲又伸展成一片绿叶
但我却喜欢那走味
从生菜走到菜干，那不可逆的走味
走出蔬菜的另一种风味
通常每户人家都会晒些菜干的
高丽菜、竹笋、长豆、花椰菜……
怎么料理也回不去生鲜的翠绿
一径黄褐枯干
通常用来煮汤
有人说那就是古早味、妈妈味

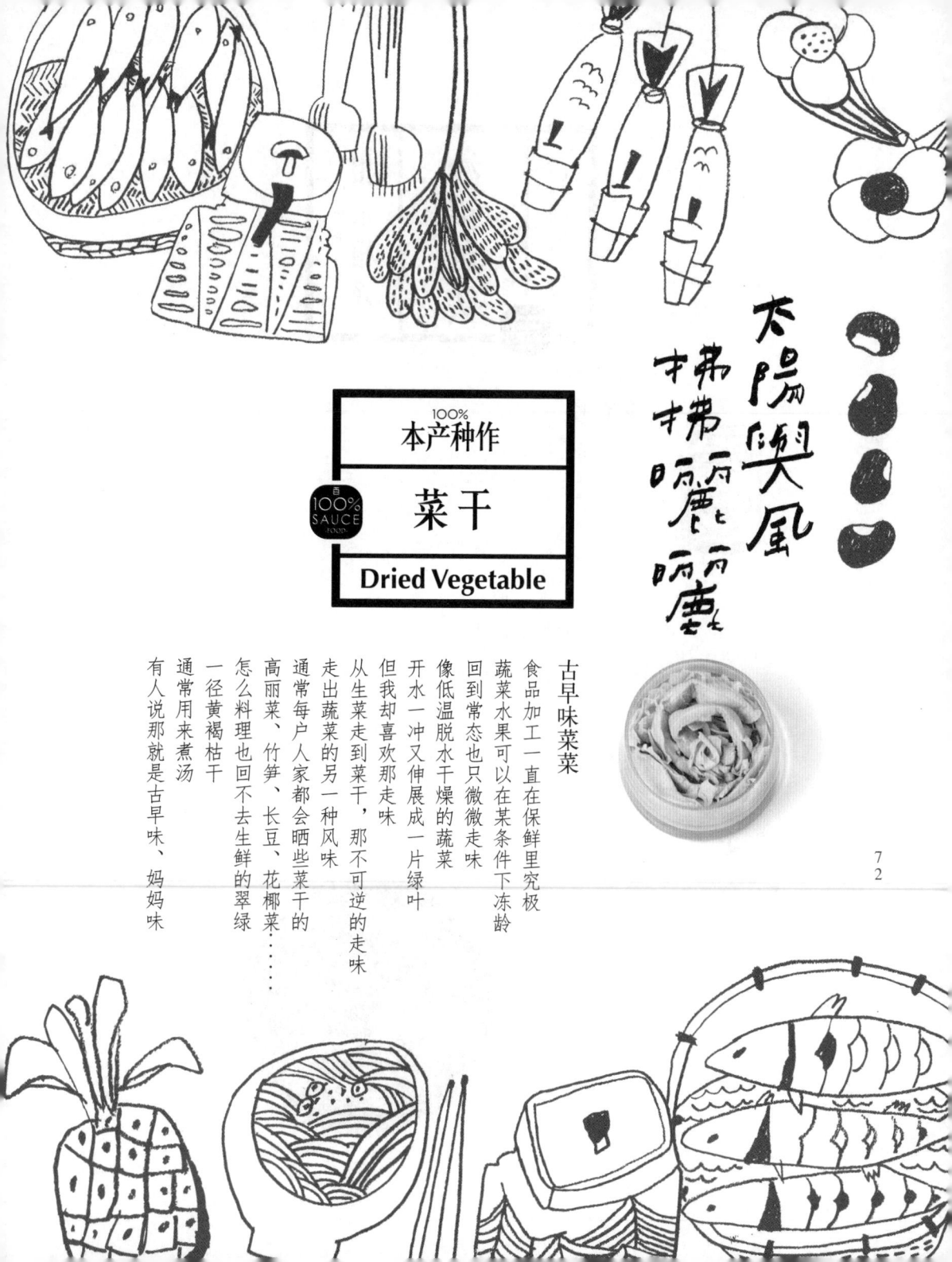

材料

笋干	200克
金钩虾	40克
五花肉	100克
姜	20克
蒜	20克
白胡椒	1茶匙

做法

1 笋干、金钩虾、姜、蒜切成末备用。

2 热一油锅，将五花肉煸炒至干香盛起，放凉切成小段。

3 原锅爆香姜、蒜末，加入笋干和金钩虾拌炒，炒至香气溢出后加入五花肉段，最后加白胡椒调味即可。

Taiwan
pure=sauce

身世族谱

宴席上的常菜
[笋干虾蒜酱]

风土食物 SEED

笋干虾蒜酱

笋脚菜，爌肉饭
无笋而不欢

—美味区间—

未开封冷藏 30 天

对应节气：皆宜

奉离香

❶ 笋干

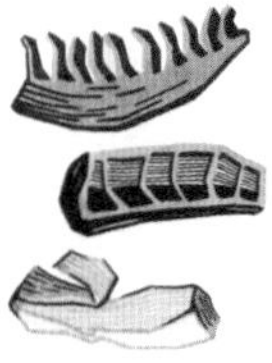

竹笋盛产时，桶渍晒干而成，为宴席的常客。台菜多以笋为基底封肉。

❷ 金钩虾

常见虾米以红虾与金钩虾为主角，金钩虾虾尾状长如钩，口感与香气都较为上乘。

❸ 五花肉

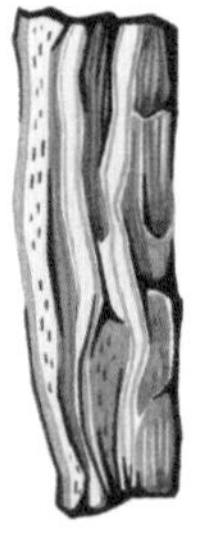

或称三层肉，为猪腹部位的肉品，因肥瘦肉分明得名。制酱的五花肉，多肥少瘦，口感更为润滑。

白胡椒 ❹

酱里的白胡椒，让食物入口之际，气味先行。

姜 ❺

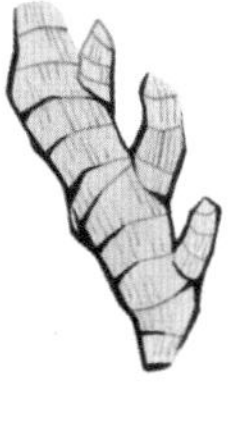

海鲜的鲜与腥，一线之隔，陆地产的姜，最是提鲜镇腥。

蒜 ❻

台湾的蒜，最大产地在嘉南平原，一年中会有几个月的青黄不接，认得出本产、进口吗？

台湾酿酱
物产遇
风土食物
Taiwan pure=sauce

笋干虾蒜酱与节气物产相遇

立春

韭菜/韭菜米粉

材料　20分上桌

米粉　200克
韭菜　1把
苦茶油　1汤匙
笋干虾蒜酱　2汤匙

做法

1 韭菜切段，米粉氽烫后备用。

2 起一油锅，将笋干虾蒜酱煸炒至香气溢出，加入米粉与韭菜翻炒至汤汁收干即可。

大暑

苦瓜/苦瓜封肉汤

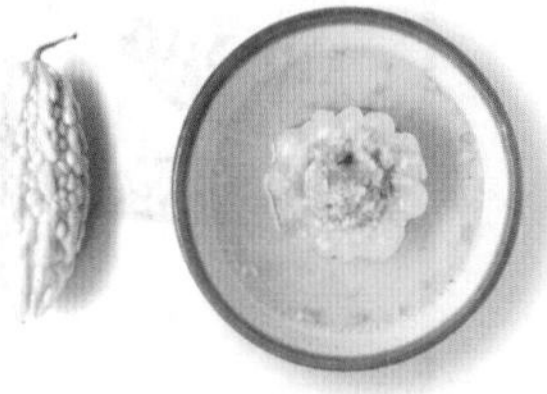

材料　10分上桌

苦瓜　1根　　水　2000毫升
猪绞肉　200克　　盐　适量
芹菜　1根　　笋干虾蒜酱　2汤匙

做法

1 芹菜切末备用。

2 苦瓜切除蒂头，以汤匙挖出瓤子，切成圈备用。

3 将猪绞肉和笋干虾蒜酱、盐拌匀搓成圆球状，填入苦瓜圈内。

4 取一汤锅，注入清水和苦瓜封肉，煮至熟加入芹菜末即可。

白露

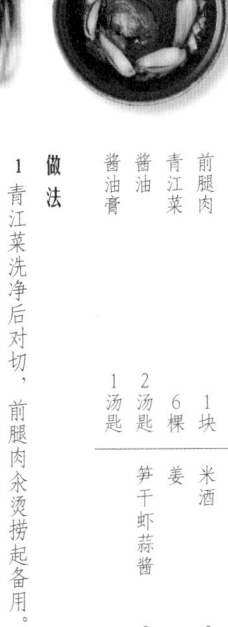

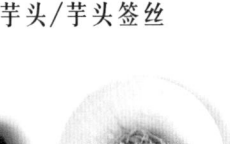

芋头/芋头签丝

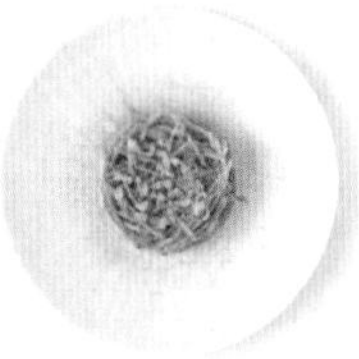

材料 15分上桌

芋头	250克	盐	适量
芹菜	适量	笋干虾蒜酱	1汤匙
苦茶油	1汤匙		

做法

1 芋头削成细丝，和笋干虾蒜酱、盐拌匀备用；芹菜切珠。

2 起一油锅，将芋头丝煎至上色。

3 起锅前再撒上芹菜珠即可。

大雪

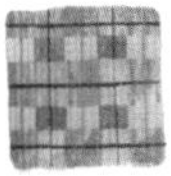

青江菜/笋干爌肉

材料 180秒上桌

前腿肉	1块	米酒	3汤匙
青江菜	6棵	姜	6片
酱油	2汤匙	笋干虾蒜酱	3汤匙
酱油膏	1汤匙		

做法

1 青江菜洗净后对切，前腿肉汆烫捞起备用。

2 起一油锅爆香姜片，并将前腿肉煎至上色，倒入笋干虾蒜酱、酱油、酱油膏及米酒，分量足以盖过前腿肉。

3 以大火煮滚，后转小火继续炖煮约1.5小时至肉软烂，过程中不时翻动，食用前再放入青江菜一起拌煮即可。

印度 蘸酱食

India

使用香料焖熟的印度，饮食习惯可略分为南印与北印，南印产米，多用米食，北印产麦，故多面食。

面食之中，以烤饼最为普及，烤饼与自家配方的香料酱，有多少家庭，就有多少菜单，每一款都是私房家传的香料魔法。

蔬菜香料酱佐烤饼

材料

笋干虾蒜酱	1.5汤匙	丁香	0.25茶匙
番茄	3个	芥末籽粉	0.25茶匙
洋葱	1个	辣椒粉	0.25茶匙
白花椰菜	100克	苦茶油	2杯
小茴香粉	0.25茶匙	印度饼	8片
姜黄粉	0.25茶匙	盐	适量

做法

1 番茄去子切丁、白花椰菜切小朵、洋葱切末备用。

2 取一油锅，将苦茶油加热，印度饼炸至酥香备用。

3 原锅留1.5汤匙的油炒透洋葱丁，加入番茄拌炒，再加入小茴香粉、姜黄粉、丁香、芥末籽粉、辣椒粉炒香。

4 原锅再注入水、白花椰菜及笋干虾蒜酱，炖煮15分钟即成酱。

5 食用时只要以印度饼蘸酱即可。

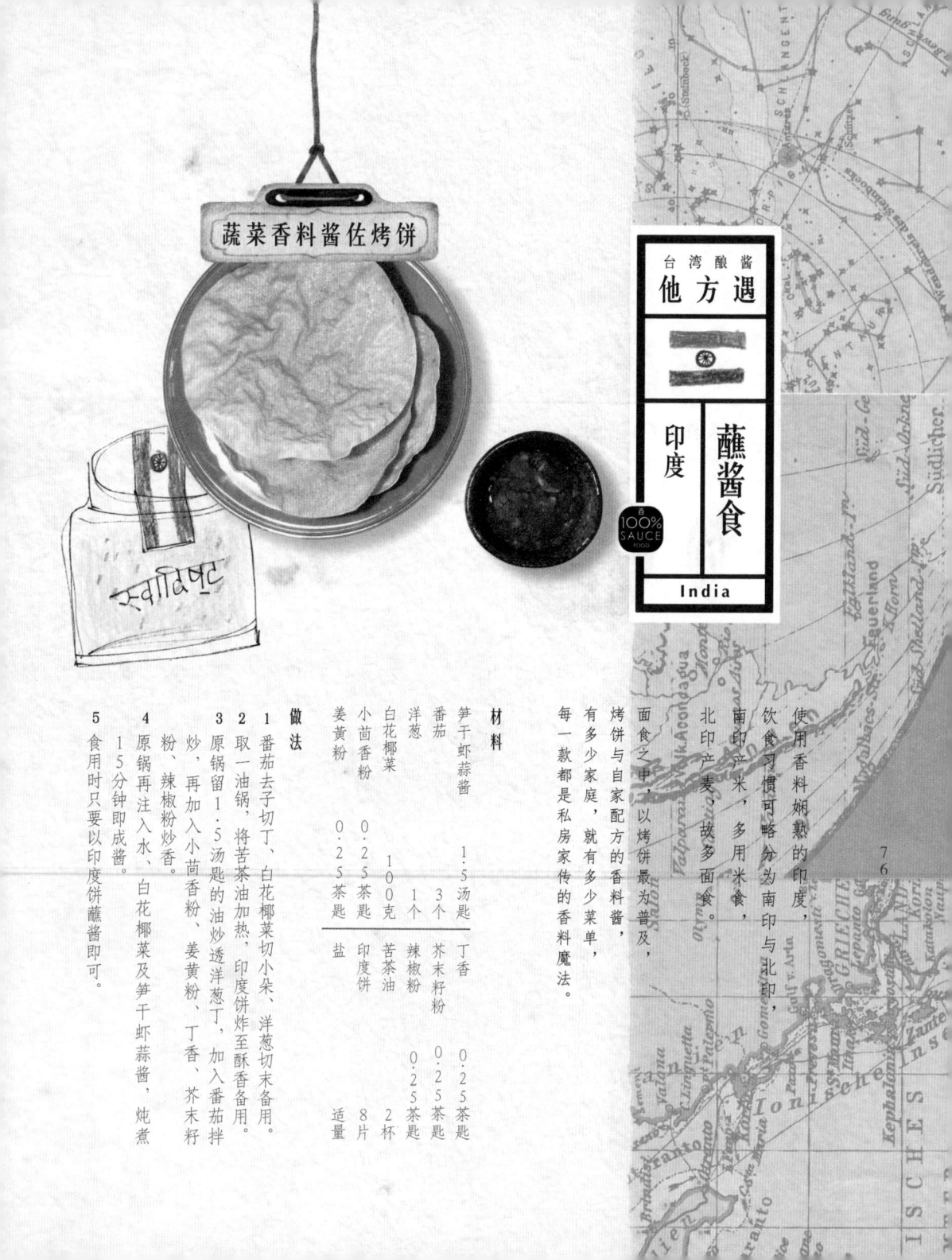

相亲相爱

台湾酿酱

笋干爌肉刈包

100% SAUCE

材料

前腿肉	600克
姜片	6片
酱油	2汤匙
刈包	4个
芫荽	适量
花生粉	适量
笋干虾蒜酱	1汤匙

做法

1 前腿肉切成厚片，起一油锅，干煎至金黄上色，再加入姜片拌炒，最后以酱油炝锅。

2 加入水盖过食材，加入笋干虾蒜酱，煮开后盖上锅盖，以小火继续煮约1个小时。

3 食用时以刈包夹肉片，撒上花生粉和芫荽末即可。

刈包

将椭圆面团对折、抹油，
蒸出一个个状如钱包。
民间版本的台湾汉堡，
咬着猪肉，
咬着酸菜，
也咬着花生粉与芫荽。

花生粉

炒熟的花生，
研磨成粉，
是沙茶伴侣，
是麻糬的糖衣，
在春卷、刈包中，
在咸里装点香甜。

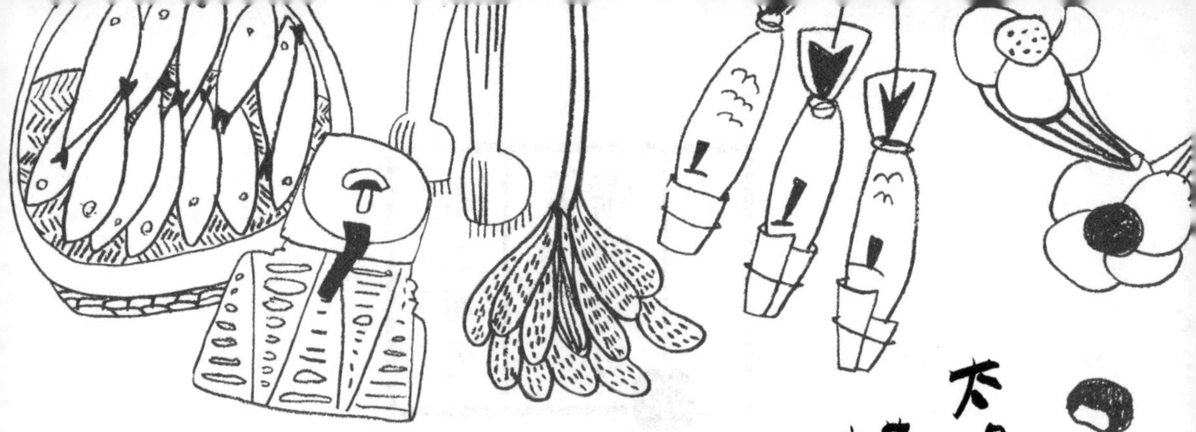

太陽與風 拂拂曬曬曬曬

100%
本产种作

咸猪肉

Salted Pork

油咸香兼备

咸了，可以放得久
咸了，可以下很多饭
咸着咸着，久了成了传统
把青菜盐成咸菜
把猪肉也盐成了咸猪肉
咸猪肉不只是咸
还多添蒜、椒香
即使没有腌腊味的习俗
常民普遍有盐渍咸猪肉的习惯
油咸香兼备
是传统味里不能缺的三元素

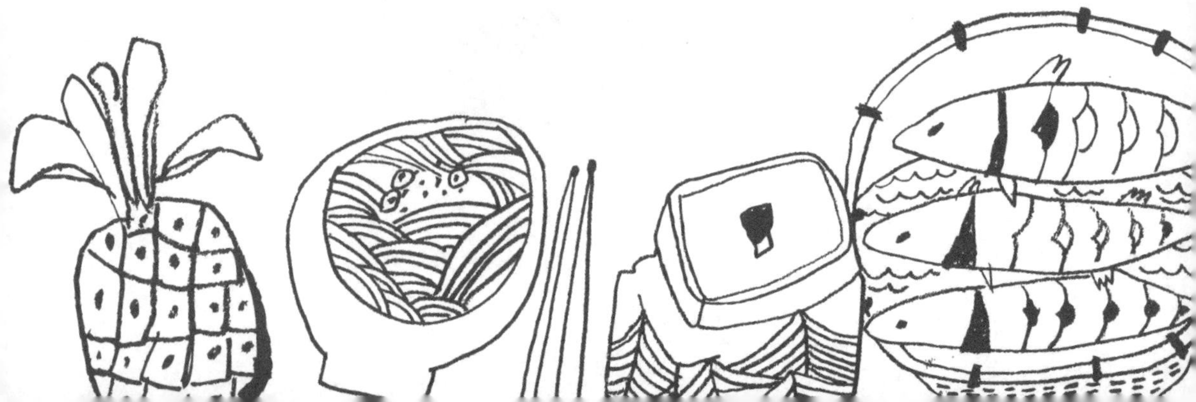

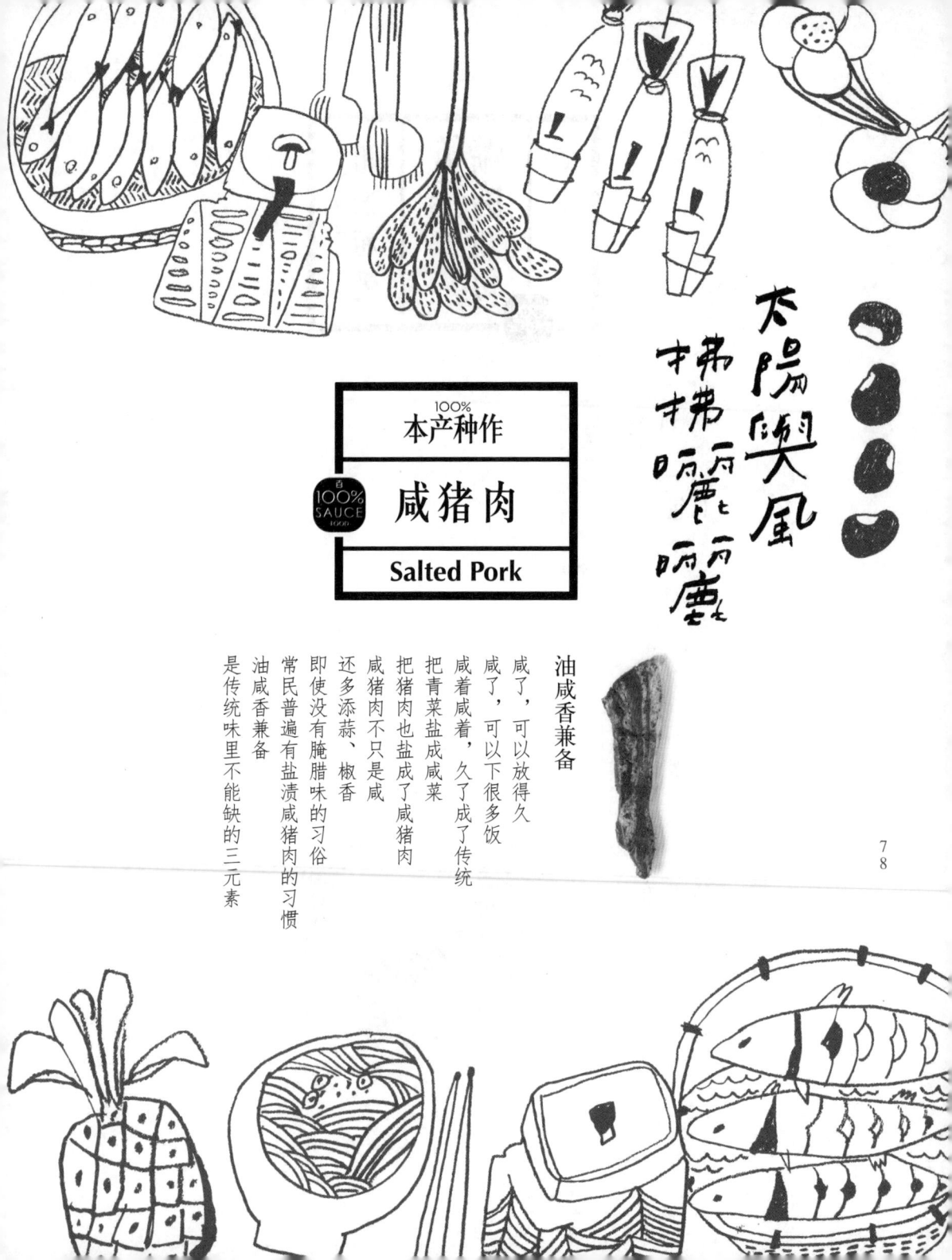

材料

咸猪肉 200克
红葱头 30克
葱 30克
姜 30克
蒜苗 50克
芹菜 30克
盐 适量
白胡椒 0.25茶匙

做法

1 咸猪肉切薄片；其余材料都切成末备用。

2 咸猪肉以小火干煎至释出油，捞起备用。

3 原锅炒香红葱头，再依序将葱、姜、蒜苗炒香，加入咸猪肉和芹菜拌炒均匀。

4 最后以白胡椒和盐调味即可。

Taiwan
pure=sauce

身世族谱

❶ 咸猪肉

常见保存食，以盐与米酒腌渍来延长猪肉存放时间。不同族群间有其特别腌渍方式，如今进化采用更多香料，丰富咸猪肉香气。

❷ 芹菜

全株皆可食用，主食叶柄。又称药芹，有厨房里的药物之美誉。

❸ 红葱头

一锅卤汁、肉臊，没有红葱头，一定被发觉味道不对。

油润咸香的经典食
［咸猪肉芹菜酱］

咸猪肉芹菜酱

一把青菜一勺酱
香料渍猪肉的台味经典

—美味区间—

未开封冷藏 30 天

对应节气：立春

❹ 葱

葱姜蒜，堪称是厨房调味三宝，分进合击都可以。

❺ 姜

这里用的是老姜，煸成干香，丰富层次。

❻ 蒜

葱姜蒜，葱主香，姜以辣行气，蒜以厚体。

台湾酿酱

物产遇

风土食物

Taiwan pure=sauce

咸猪肉芹菜酱与节气物产相遇

立春 葱/客家小炒

材料 10分上桌

豆干 5片

葱 2棵

苦茶油 1汤匙

咸猪肉芹菜酱 3汤匙

做法

1 葱切小段、豆干切成条状备用。

2 起一油锅，将豆干煸至干香，加入咸猪肉芹菜酱拌抄均匀，释出香气后再拌入葱段即可。

立夏 丝瓜/丝瓜镶肉

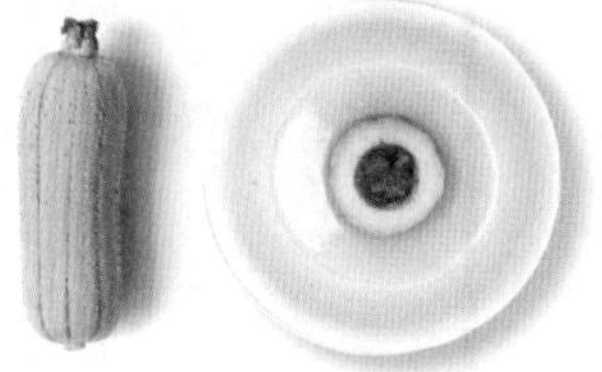

材料 20分上桌

咸猪肉芹菜酱 3汤匙

猪绞肉 200克

丝瓜 1根

盐 适量

太白粉 适量

做法

1 丝瓜去皮切轮状，去子使中心成中空备用。

2 将咸猪肉芹菜酱、猪绞肉、盐混合均匀成内馅。

3 将内馅填入丝瓜圈中，以薄薄的太白粉涂抹在丝瓜圈上下，助固定内馅。

4 放入电锅，以外锅1杯水蒸熟即可。

秋分

茭白笋/酱拌茭白笋

材料 15分上桌

茭白笋	300克
苦茶油	1汤匙
盐	适量
咸猪肉芹菜酱	2汤匙

做法

1 茭白笋切滚刀块备用。

2 起一油锅，将茭白笋拌炒后，再加入咸猪肉芹菜酱和水略微拌炒，再盖上锅盖焖煮2分钟，起锅前加盐调味即可。

小寒

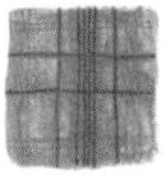

杏鲍菇/酱炒杏鲍菇

材料 5分上桌

杏鲍菇	3个
苦茶油	1.5汤匙
盐	适量
咸猪肉芹菜酱	2汤匙

做法

1 杏鲍菇切滚刀块备用。

2 起一油锅，将杏鲍菇拌炒，再加入咸猪肉芹菜酱炒香，再以盐调味即可。

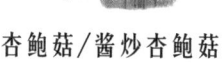

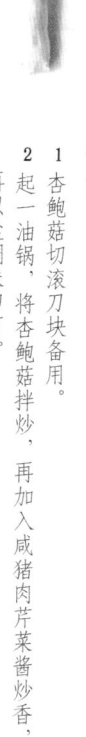

法国 焖炖煮

France

红酒炖牛肉

盛产红酒的法国勃艮第，在酿酒之余，也骄傲地将红酒应用于料理之上。

利用红酒耐久炖的特性，结合培根、洋葱、蔬果与牛肉，经3～4小时的焖炖熬煮，酒香沁进食材，葡萄酒特有的酸韵也逐渐转化为甘醇，成了让人易于联想的法式家常菜。

这种炖煮食材的手法，与亚洲的卤爌肉，有着异曲而同工的趣味。

材料

咸猪肉芹菜酱	4汤匙	苦茶油	2汤匙
牛腩	600克	红酒	500毫升
洋葱	2个	西洋香菜末	适量
胡萝卜	2根	水	适量
番茄	2个		

做法

1 牛腩、洋葱、胡萝卜切块；番茄切小丁备用。

2 起油锅将牛腩煎至金黄上色，夹起备用。

3 原锅加入洋葱炒香，再加入胡萝卜和番茄炒香。

4 加入牛肉和红酒烧出香气，注入水煮滚转小火煮45分钟，起锅前撒上西洋香菜末。

台湾酿酱

相亲相爱

煲仔饭

100% SAUCE

酱油

小小曲菌
寒冬溽夏皆需循循善待
待曲化完全
洗净拌盐水、入陶缸
铺满粗盐防止腐坏
封缸、日暴
再经压榨、蒸煮提炼
即是黑豆荫油

调配咸甜的厨房革命
自炊时代
已经到来

材料

糙米 2杯
酱油 1.5汤匙
咸猪肉芹菜酱 4汤匙

做法

1 糙米洗净浸泡1小时备用。
2 将咸猪肉芹菜酱加入糙米置于电锅内，注入2.5杯的水，电锅外锅加1杯水蒸熟。
3 食用时再淋上酱油即可。

糙米

食品经过多方精制
把纤维都去除了
外裹坚硬的米糠
正是身体的清道夫

一粒米，百粒汗
粗食慢嚼
都是农人的手艺

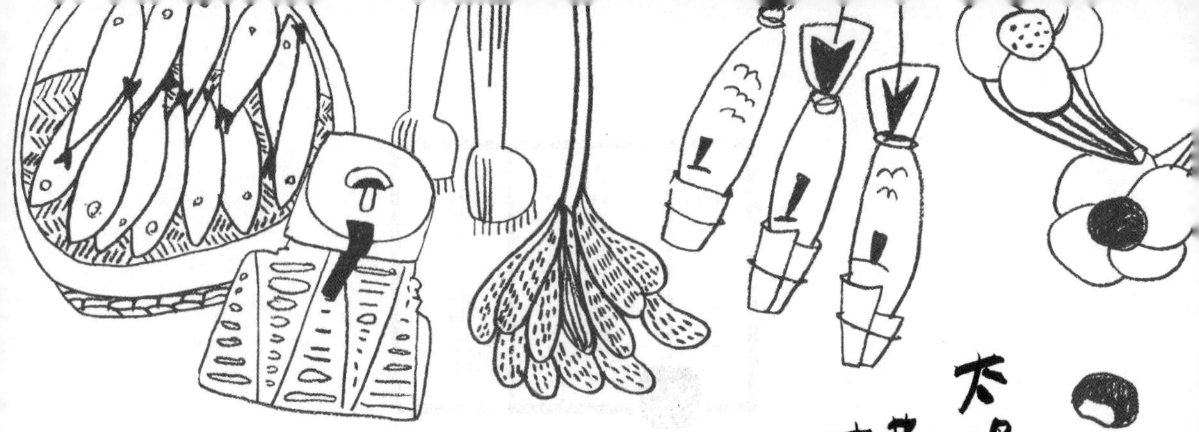

太陽與風 拂拂曬曬

100%
本产种作

香菇

Dried Shiitake Mushrooms

料理中的汉味

对于蕈类
我们不会只用Mushroom一以概之
也不会只叫野菇、蘑菇
我们充满了细节与味觉
柳松、杏鲍……琳琅满目
我们在菇里更独钟一味——香菇
香菇的香，要在干燥后方得彰显
肉臊、馅里、汤里处处有香菇
香菇成就了料理中的汉味
从体面的礼品
到泡面里的一包调味
早就跟生活镶嵌得紧密

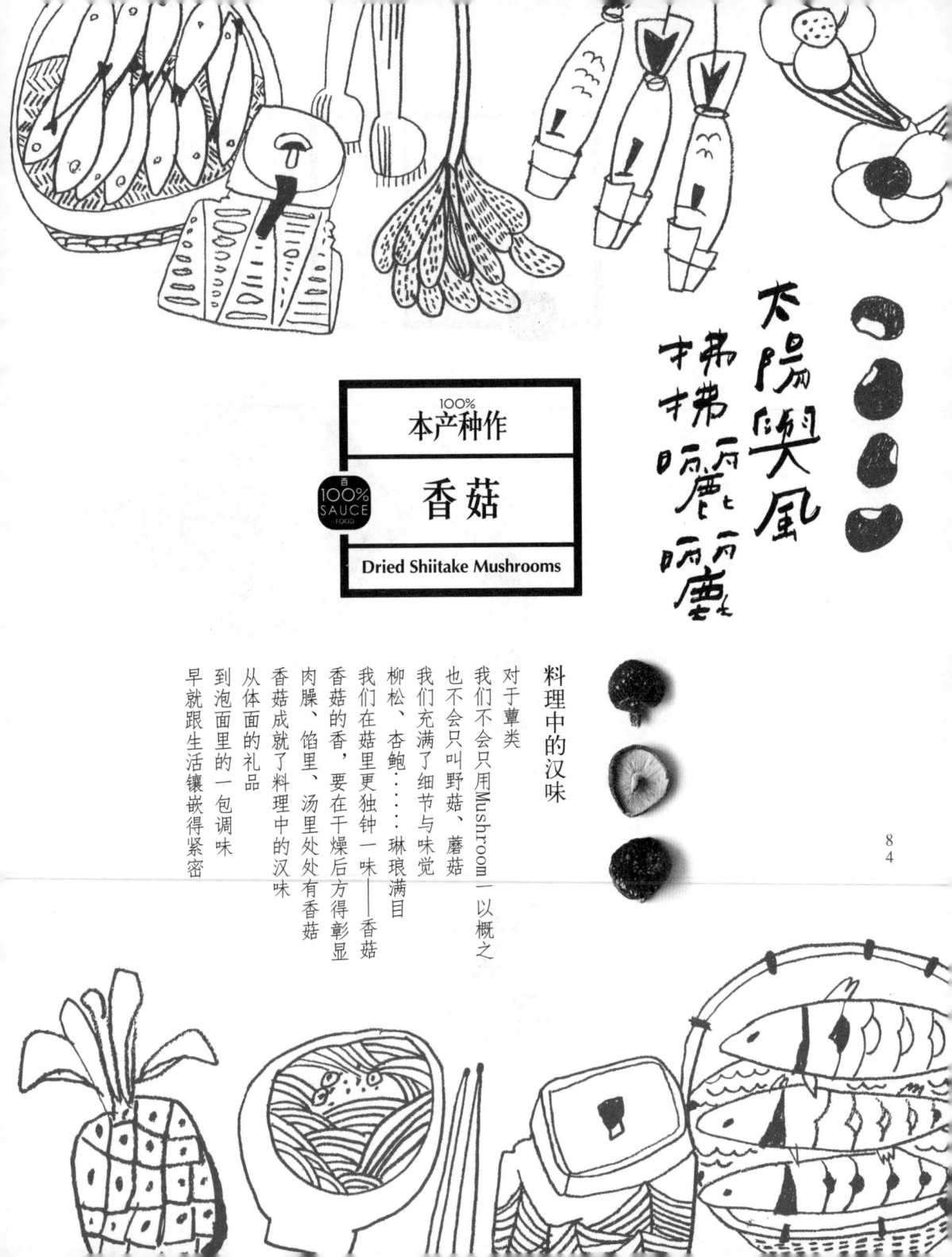

百 100% SAUCE -FOOD

材料

干香菇 20克
芹菜 60克
杏鲍菇 60克
辣椒 60克
花椒粉 1茶匙
白胡椒粉 1茶匙
姜 20克
白酱油 2汤匙
苦茶油 200毫升
盐 3茶匙

做法

1 芹菜、杏鲍菇、姜切细末备用。

2 干香菇用清水洗净拭干，回软后切末备用。

3 起一油锅，以小火炒香辣椒，直至呈现红油状态。将辣椒捞出，取油备用。

4 用原锅依序拌炒香菇末、杏鲍菇末、姜末，加入盐及白酱油，起锅前拌入花椒粉及白胡椒粉即可。

Taiwan pure=sauce

身世族谱

挑逗味蕾的辛与麻

［香菇芹菜辣油酱］

食风土物 SEED

香菇芹菜辣油酱

酱烧菜、佐味酱
粒粒分明的辛辣

—美味区间—

未开封冷藏 30天

素粹

对应节气：立春

❶ 干香菇

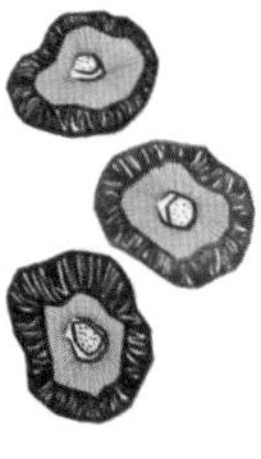

理想香菇，一年一收，只在冬采，叫冬菇。伞径大、极干燥、味香浓是好货。

❷ 芹菜

又称香芹、药芹，香气特殊，又有药性，我们习惯吃茎，其实叶也很棒。

❸ 杏鲍菇

口感似鲍鱼，有特殊杏仁香味而得名。菇柄粗大、色泽乳白，常用来作为肉类的替代品。

❹ 白酱油

主要以黄豆制成的白酱油，酱色较淡，风味甘而不咸，常用于蘸料提味。

❺ 辣椒

辣椒，视食用者嗜辣程度，量与品种甚至产期，都有程度上的差别。

❻ 花椒粉

花椒制成的粉末状辛香料，具香辣感，能刺激味蕾，可用作佐料或入菜，较花椒粒更能使菜肴入味。

台湾酿酱
物产遇
风土食物
Taiwan
pure=sauce

香菇芹菜辣油酱与节气物产相遇

立春

山茼蒿/山茼蒿馄饨汤

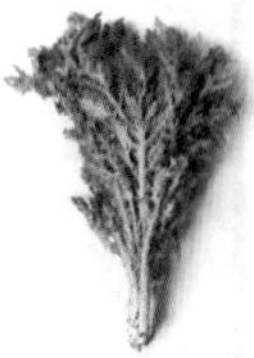

材料 30分上桌

山茼蒿 200克	盐 适量
猪绞肉 250克	香菇芹菜辣油酱 4.5汤匙
馄饨皮 16张	

做法

1 将猪绞肉和4匙香菇芹菜辣油酱混合均匀成内馅备用。

2 将内馅填入馄饨皮，可包成约16个馄饨。

3 煮一锅水，将馄饨煮熟，最后加入0.5匙香菇芹菜辣油酱和山茼蒿，再以盐调味即可。

芒種

胡瓜/酱炒胡瓜

材料 10分上桌

胡瓜 300克

苦茶油 1汤匙

香菇芹菜辣油酱 1.5汤匙

做法

1 胡瓜削皮对切，去子切薄片备用。

2 起一油锅，将胡瓜片拌炒后，再拌入香菇芹菜辣油酱即可。

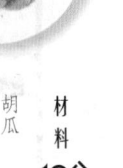

寒露

苹果/凉拌苹果松

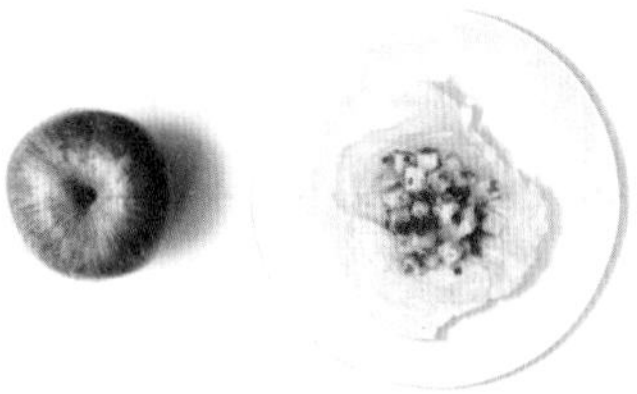

5分上桌

材料

苹果	2个
美生菜叶	8片
香菇芹菜辣油酱	1.5汤匙

做法

1 美生菜洗净后以冰水冰镇；苹果切丁备用。

2 苹果丁均匀拌上香菇芹菜辣酱油，食用时再以美生菜叶铺底即可。

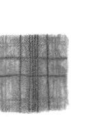

小寒

芥菜/芥菜野蔬锅贴

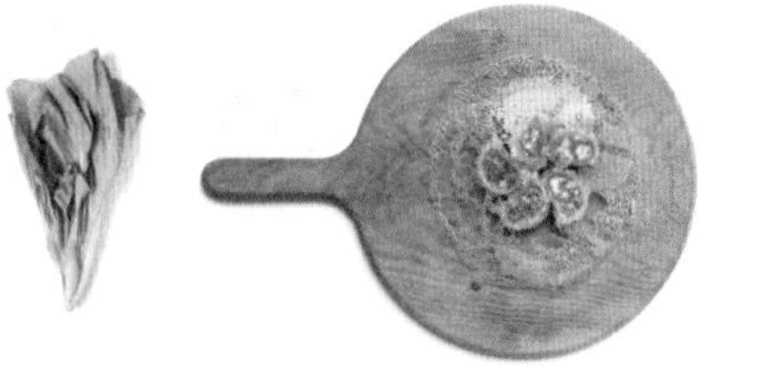

30分上桌

材料

芥菜	500克	水	50毫升
蛋	4个	香油	1茶匙
板豆腐	4块	苦茶油	2汤匙
水饺皮	40张	香菇芹菜辣油酱	3汤匙
低筋面粉	0.25汤匙		

做法

1 将芥菜汆烫冰镇后，切末备用。

2 起一油锅，将蛋炒至干香，切碎末；板豆腐煎6面金黄上色备用。

3 将芥菜末、蛋、板豆腐混合均匀后，再加上香菇芹菜辣油酱、香油搅拌均匀成为内馅；再以水饺皮包起备用。

4 取一不沾平底锅，热油锅，摆入水饺后，淋上调好的面粉水，加盖开火，煎至面粉水收干，形成冰花结晶即可。

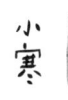

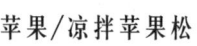

台湾酿酱
他方遇

日本 杂炊食

Japan

一路自江户走来，朴实地将米菜混合炊食。土锅迎着节气，春炊笋子、秋炊栗子，热食冷食皆美。

栗子炊饭

材料

栗子 200克
白米 2杯
香菇芹菜辣油酱 1汤匙

做法

1 白米洗净备用。

2 将白米、栗子和香菇芹菜辣油酱以电锅烹调，内锅2杯水，外锅1杯水；煮熟后焖5分钟，翻松米饭即可，食用时可再撒上芝麻。

鼎边趖

相亲相爱

台湾酿酱

100% SAUCE

材料

香菇芹菜辣油酱	4汤匙
鼎边趖皮	300克
猪肉片	100克
虾	8只
黑木耳	50克
金针	10克
水	1000毫升

做法

1 黑木耳切大片，金针菇先泡水发开备用。

2 取一汤锅，注水煮开后加入香菇芹菜辣油酱、黑木耳和金针菇煮出香气。

3 再加入猪肉片、虾，煮熟后再把鼎边趖皮加入即可。

趖皮

取用半新旧在来米，研磨成浆，
沿着大口锅鼎边滚下，
边蒸边烘，取下风干剪段。

这米浆沿锅滑滚的动作，
又走又坐，
趖来趖去，
古人造字之美，
成全了这碗庙口鼎边庶民食

金针菇花干

金针花，
忘忧的母亲花，
花干如菜干，
又带花香，
是汤里重要的一味。

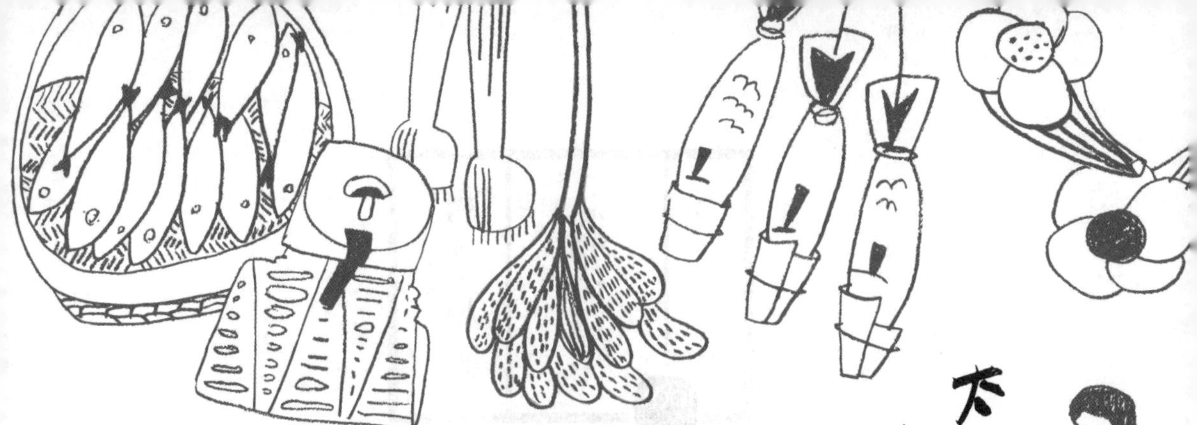

太陽與風
拂拂曬曬

100%
本产种作

乌鱼子

Dried Mullet Roe

海洋珍馐

每年冬至时分
乌鱼群洄游而来
由北往南，一路雨露均沾
填了西岸渔民的荷包
仿佛是老天给的年终奖金
也为饕客过年加菜
杀下鱼子薄盐轻腌
日日暴晒、夜夜重压
成就一片片金黄油亮Q弹
乌鱼啊！乌鱼！愿年年洄游
从古到今
好多人靠你吃饭

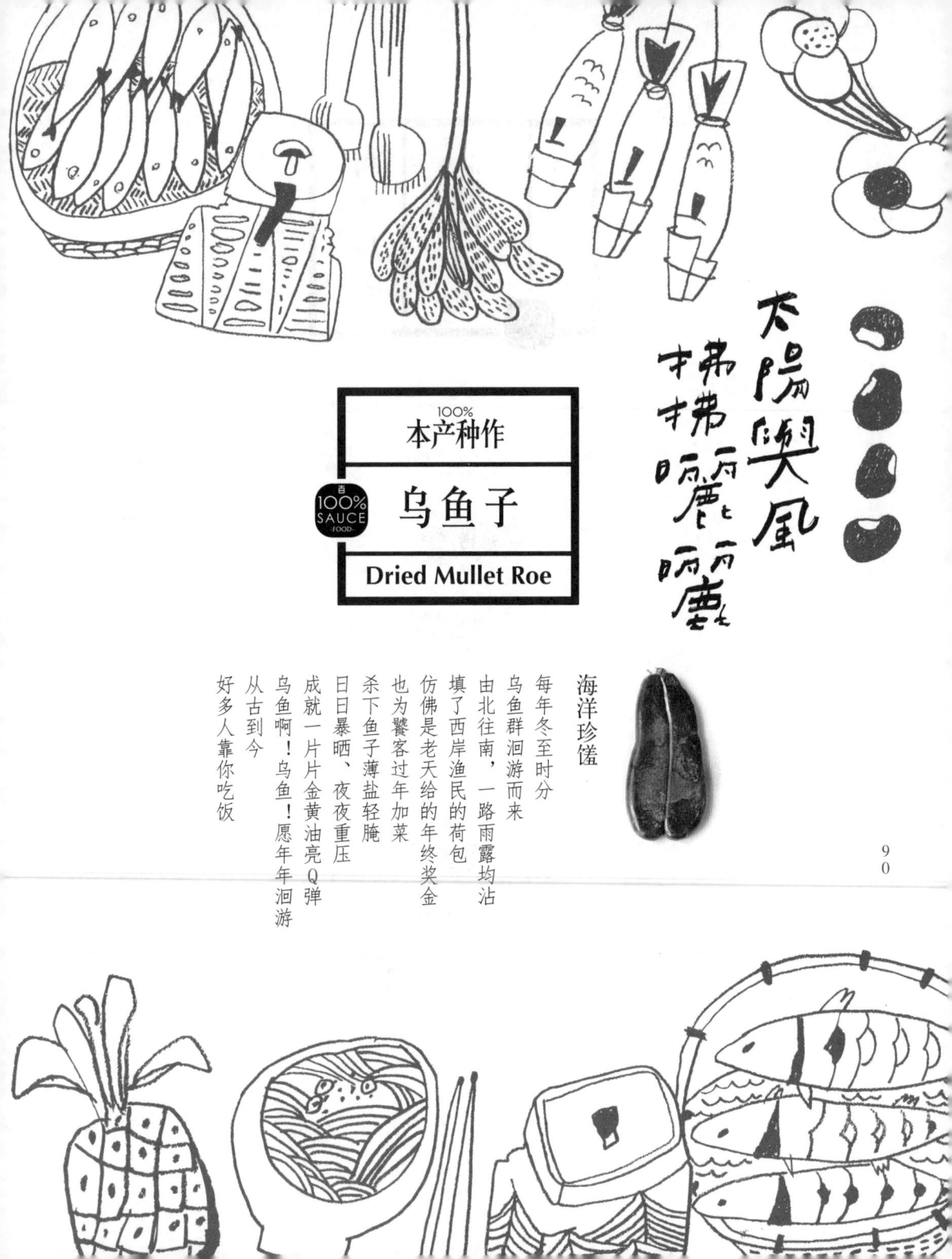

材料

乌鱼子	100克
蒜苗	3根
金钩虾	20克
苦茶油	100毫升
姜	30克
蒜头	30克
盐	1汤匙
高粱酒	适量

做法

1 乌鱼子、蒜苗、金钩虾切末备用。

2 乌鱼子去膜双面涂高粱酒备用。

3 金钩虾泡高粱酒备用。

4 起油锅煸香姜、蒜头，捞出姜与蒜头，在原锅拌炒金钩虾、乌鱼子，加入蒜苗后，再以盐调味略拌炒即可。

Taiwan pure=sauce

身世族谱

来自海洋的恩惠 [乌鱼子蒜苗酱]

风食土物 SEED

乌鱼子蒜苗酱

弥足珍贵的下酒菜
海岸居民的乌金

—美味区间—

未开封冷藏 30 天

对应节气：冬至

荤 香

❶ 乌鱼子

冬至前后洄游而来的乌鱼产卵，盐渍而后晒，风味浓郁。烤干后，搭配白萝卜或苹果，食用风味极佳。

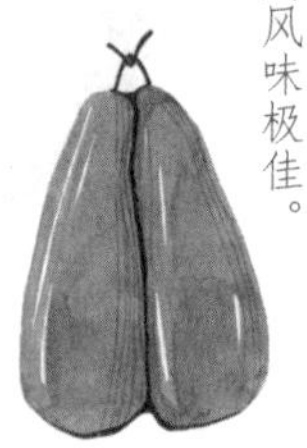

❷ 蒜苗

又称青蒜。大蒜持续发育成苗株，略带辛辣味，常用以佐肉、海鲜。

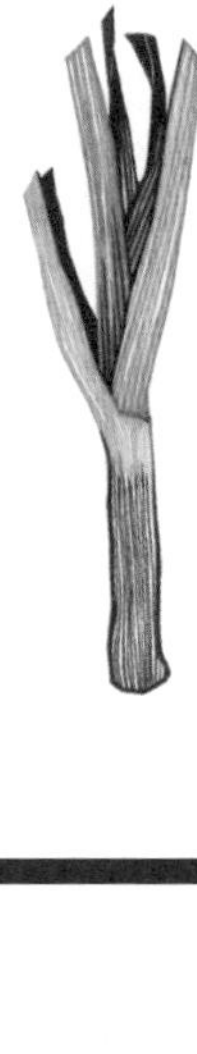

❸ 金钩虾

需要一点海洋鲜味，小虾米就可以立大功。

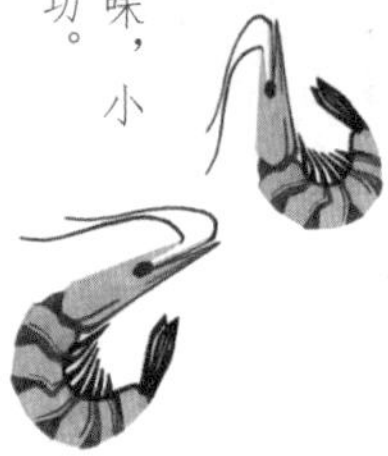

❹ 高粱酒

以高粱、小麦为原料，经三蒸三晒，酒龄一年以上熟成，属清香型大曲高粱，可直饮或引为料理。

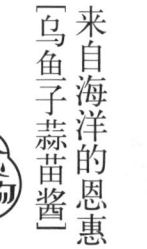

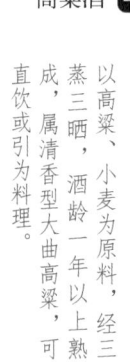

台湾酿酱
物产遇
风土食物
SEED
Taiwan
pure=sauce

乌鱼子蒜苗酱与节气物产相遇

惊蛰

圣女番茄/烤培根番茄

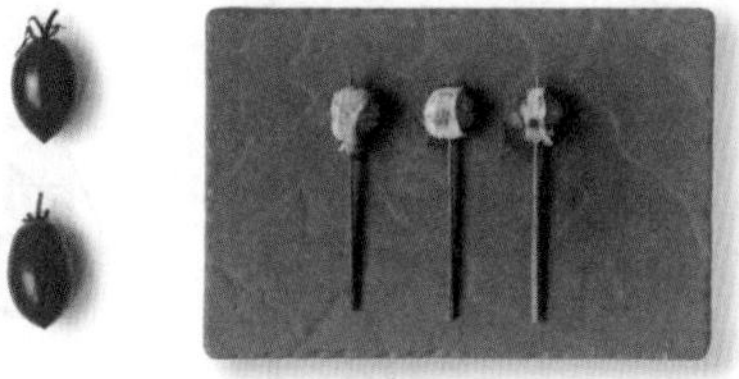

材料 25分上桌

圣女番茄 16个
培根 4片
乌鱼子蒜苗酱 1.5汤匙

做法

1 每片培根从中心十字对切成4长条，共16条备用。
2 圣女番茄横切，不要切断，中间夹入乌鱼子蒜苗酱后，外围以培根卷起，再以竹签固定。
3 将卷好的番茄串放入预热200摄氏度的烤箱烤15分钟即可。

立夏

芦笋/蒸烤芦笋水波蛋

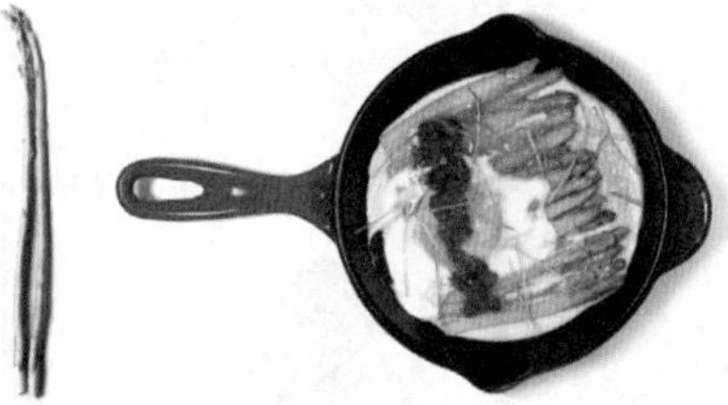

材料 20分上桌

芦笋 400克
蛋 2个
白醋 2汤匙
乌鱼子蒜苗酱 1.5汤匙

做法

1 将芦笋汆烫沥干水分备用。
2 蛋打进碗里，另煮一锅水，近滚时加入白醋，转小火，以汤匙轻轻旋转水面使其产生漩涡，将蛋缓缓倒入，煮约3～5分钟成水波蛋，取出备用。
3 将水波蛋放上烫熟的芦笋，最后淋上乌鱼子蒜苗酱即可。

立秋

酪梨/酪梨沙拉

材料 90秒上桌

酪梨	1个
柠檬汁	1.5汤匙
乌鱼子蒜苗酱	2汤匙

做法

1 酪梨对切去子，以汤匙挖取出果肉备用。

2 在酪梨果肉上淋柠檬汁，最后撒上乌鱼子蒜苗酱即可。

大雪

乌鱼/乌鱼亲子盖饭

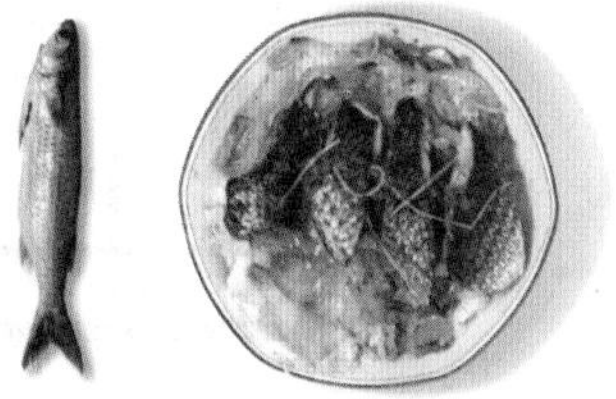

材料 30分上桌

白饭	3碗	蒜苗	2支
乌鱼	1条	苦茶油	1.5汤匙
洋葱	1个	乌鱼子蒜苗酱	3汤匙
蛋	2个		

做法

1 乌鱼切片；蛋打成蛋液；洋葱切丝；蒜苗切斜片，将蒜白、蒜绿分开备用。

2 起一油锅，将鱼片表面煎上色后夹起备用。

3 原锅炒香洋葱丝和蒜白，再加入鱼片和1汤匙乌鱼子蒜苗酱，注入一些水盖上锅盖煮滚。

4 倒入蛋液和2汤匙的乌鱼子蒜苗酱，盖上锅盖直到蛋液呈半凝固状态，起锅前撒上蒜绿，再将料理铺在白饭上即可。

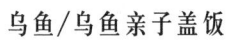

柴窑烤

意大利

Italy

自手中撑开的面团，
铺上随心所欲的食材，
缀上起司的浓醇，
与高温炙热的柴窑炭香，
皮薄而酥脆，
料众而馥郁，
中心金黄、边缘微焦，
节庆与群欢的分享食。

材料

六寸薄比萨皮	2张
起司片	8片
蒜苗	1根
乌鱼子蒜苗酱	4汤匙

做法

1 起司片切条；蒜苗切薄斜片备用。

2 在薄比萨皮上均匀铺上起司条，再铺上乌鱼子蒜苗酱，最后加上蒜苗片。

3 置于预热200摄氏度的烤箱烤至上色即可。

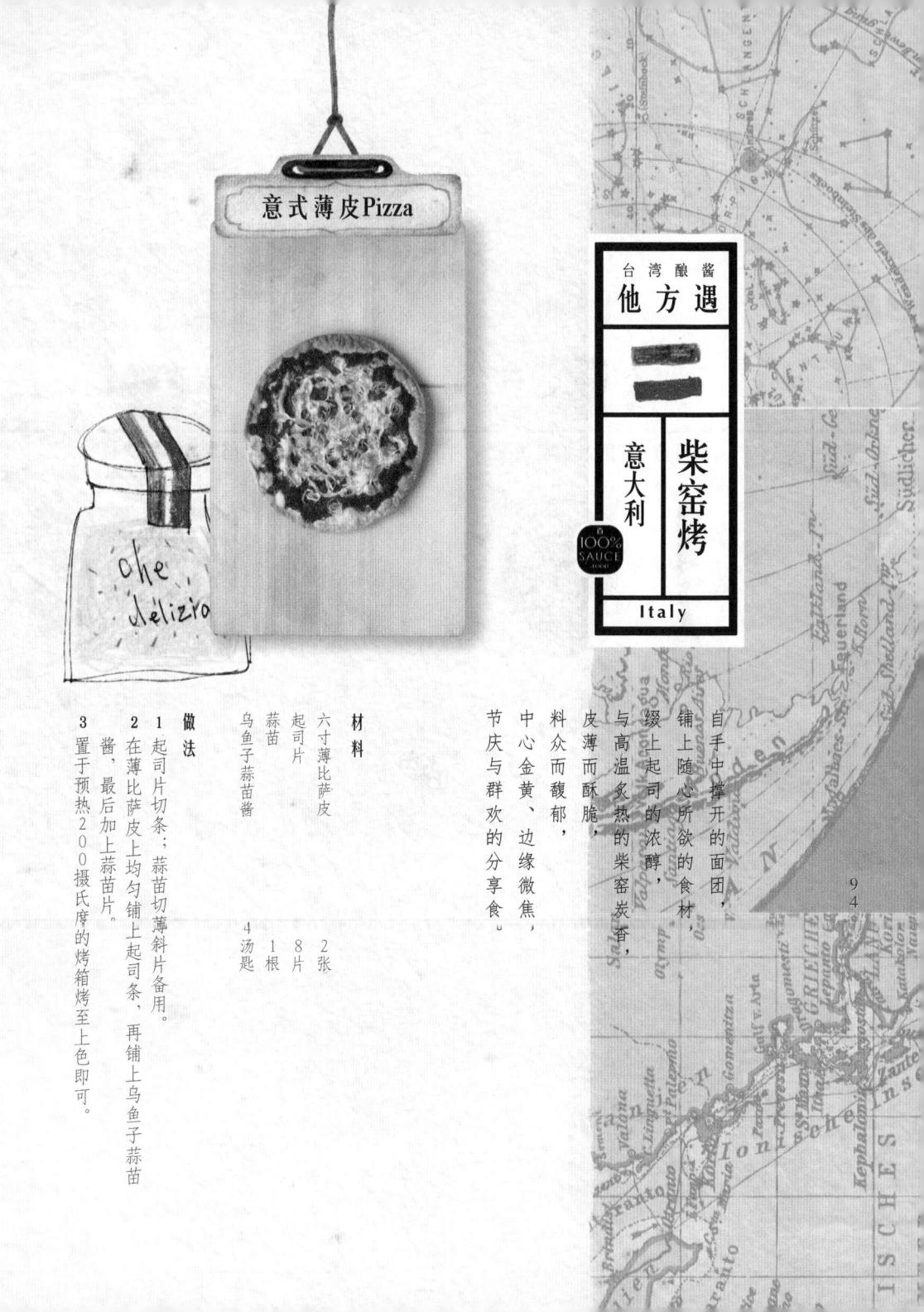

鱿鱼蒜

台湾酿酱 相亲相爱

100% SAUCE

螺肉罐头

二战后的台湾，
经历移民族群的转换与融合，
餐馆林立，成了官场、生意商量的协调场所，
酒家宴席菜正是在此时空交错下的族群融合食。

远洋渡海的罐头制品，
掌舵时代的交际与排场，
滚沸着寻欢作乐的气息，
江湖气魄的酒酣耳热，
油然而生。

鱿鱼干

神奇的干货之美，
顺着天时，迎着风与太阳的拂晒，
将自然鲜甜的海潮气息封存下来，
摇身一变，
香浓萦绕惹味。

材料

白萝卜	1个
冬笋	2根
排骨	200克
螺肉罐头	1罐
鱿鱼干	0.5只
蒜苗	1根
苦茶油	1.5汤匙
盐	适量
乌鱼子蒜苗酱	4汤匙

做法

1 白萝卜切滚刀块；冬笋切片；鱿鱼干剪成细段；蒜苗斜切厚片，将蒜白、蒜绿分开；排骨汆烫去血水后备用。

2 起一油锅，将鱿鱼干煸香后，加入蒜白炒香，依序加入乌鱼子蒜苗酱、白萝卜、冬笋、排骨、螺肉罐头后略拌炒，注入水煮开后，以小火再煮25分钟。

3 最后以盐调味，起锅前再撒上蒜绿即可。

一样米要饲百样人

100%
本产种作

米酒

Rice Wine

米食时间长韵

酒，早早就伴随谷物、水果而生
微量的酒精，使人欢愉、诗兴大发……
舒筋活血要有酒
祭天拜地要用酒
人逢喜庆必有酒
酒逢知己千杯少
没了酒，我们的文化不知缺了多大一块
米是我们的主食
米酒当然是我们最家常的酒
而且自己独树一帜
不供饮乐，专攻料理
从炒锅上洒个几滴
到整锅全酒汤底
是多多少少的哲学

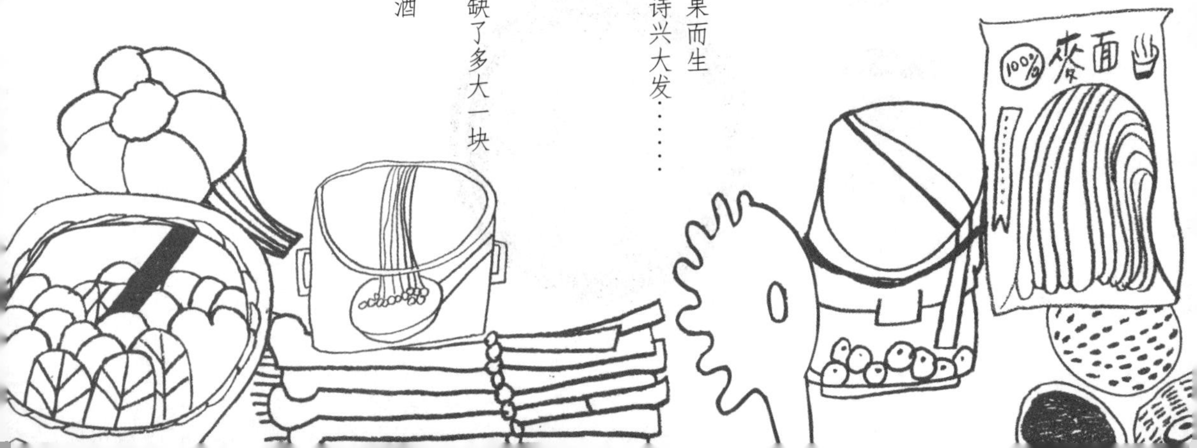

材料

酱油	50毫升
水	300毫升
姜	20克
葱	10克
香菜	10克
糖	少许
白胡椒粉	1茶匙
米酒	100毫升

做法

1 将米酒煮至约20毫升的米酒水后备用。

2 将所有食材放进锅中加热煮滚过筛即可。

Taiwan pure=sauce

身世族谱

鲜味引子

[蒸鱼露酱]

食风土物 SEED

蒸鱼露酱

煨豆腐・蒸鲜鱼

提鲜味去杂味

—美味区间—

未开封冷藏 30 天

对应节气：皆宜

素 甘

❶ 葱

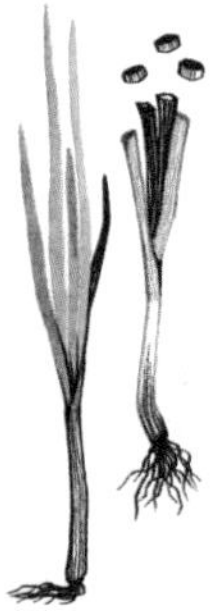

我们用葱不只是习惯，已是反射动作了。

❷ 白胡椒

白胡椒不会坏了颜色，也不会抢味的辣。

❸ 芫荽

芫荽取它的香气，熟烂会减分。

❹ 米酒

米酒烧去了酒精，只剩酒香味，汤底浑厚。

❺ 酱油

单纯黑豆酱油，不用染色，不必调味。

❻ 姜

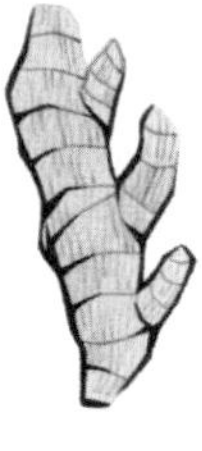

姜，爆过再煮，或直接下水煮，味道是不同的。

蒸鱼露酱与节气物产相遇

台湾酿酱 物产遇
风土食物
Taiwan pure=sauce

立春

豌豆/茶碗蒸

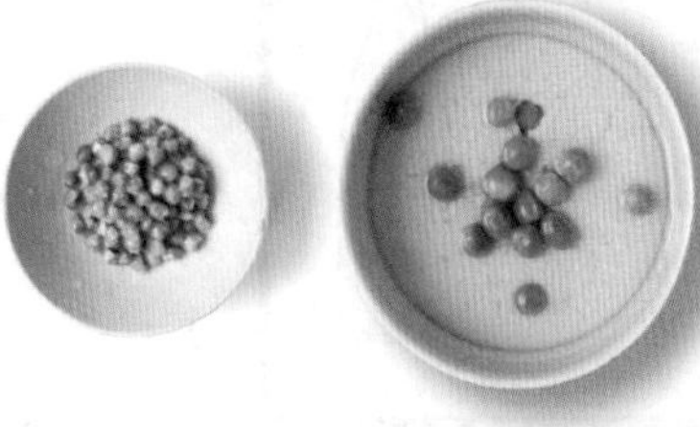

材料 20分上桌

蛋 3个
豌豆仁 50克
蒸鱼露酱 1汤匙
高汤 50毫升
清水 300毫升

做法

1 将一半豌豆仁煮熟，备用。

2 将蛋打匀后加水，再加进蒸鱼露酱，过筛加入剩下的豌豆仁。

3 以电锅蒸10分钟。过程中电锅锅盖须留一小缝隙，可使表面光滑平整。

4 食用时加入高汤和豌豆仁装饰。

小暑

九层塔/炒九层塔蚬

材料 15分上桌

蚬 300克
九层塔 1小把
蒜末 3瓣
苦茶油 1汤匙
蒸鱼露酱 2汤匙

做法

1 加热苦茶油，爆香蒜末，加入蚬后盖锅盖，焖熟后再加入蒸鱼露酱煮开。

2 起锅前最后再加入九层塔拌炒即可。

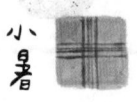

处暑

小卷/姜丝小卷

10分上桌

材料

小卷	250克
嫩姜丝	20克
苦茶油	1汤匙
蒸鱼露酱	1：5汤匙

做法

1 小卷上放姜丝淋上蒸鱼露酱，于蒸锅蒸熟。

2 将苦茶油加热，淋于蒸好的小卷上即可。

冬至

结头菜/酱烧结头菜

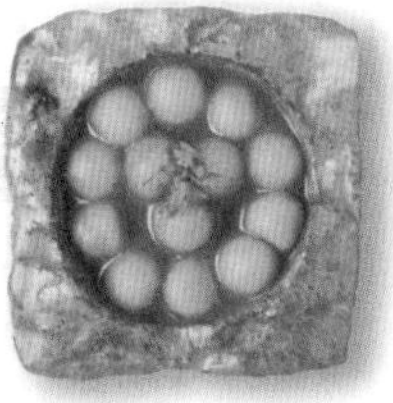

25分上桌

材料

结头菜	300克	盐	适量
蒜末	1瓣	蒸鱼露酱	4汤匙
芫荽	少许		
苦茶油	1汤匙		

做法

1 将蒜末爆香，加入切小块的结头菜、蒸鱼露酱和水煮滚后，小火煮15分钟。

2 加盐调味，最后再加入芫荽即可。

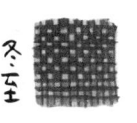

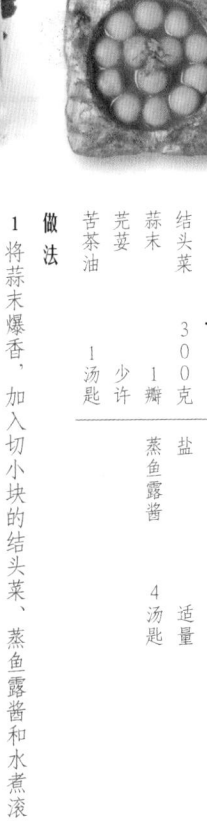

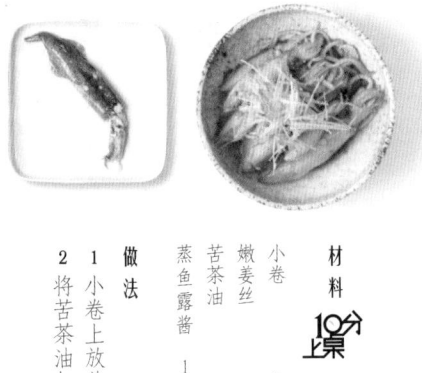

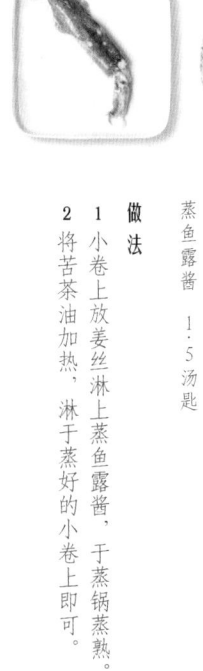

酸辣柠檬鱼

台湾酿酱
他方遇
泰国
蒸煮食
Thailand

盛入一皿，置入注水的蒸具，以慢火将水煮成微沸，通过蒸气流转加热至熟，保存所有的内部湿度。

材料

鲈鱼	1条
蒜	3瓣
姜	4片
柠檬汁	2匙
芫荽末	1.5汤匙
葱	2根
盐	适量
蒸鱼露酱	2.5汤匙

做法

1 将鱼洗净擦干抹盐，铺上切碎的葱姜蒜末、芫荽末、蒸鱼露酱用大火蒸10分钟。

2 起锅再加入柠檬汁即可。

干炒牛肉河粉

相亲相爱

台湾酿酱

100% SAUCE

材料

牛肉	250克
河粉	500克
豆芽菜	150克
姜丝	10克
苦茶油	2汤匙
蒸鱼露酱	3汤匙

做法

1. 加热苦茶油，将牛肉丝炒成七分熟，盛起备用。
2. 同锅里加入姜丝炒香，再加入河粉大火炒松，加入蒸鱼露酱炒香再加入豆芽。
3. 最后再把牛肉丝快速拌入即可。

河粉

米的出路百转千回
自米浆炊蒸、切成带状
仿若薄翼又似轻被
承接酸甜苦辣的裙褶

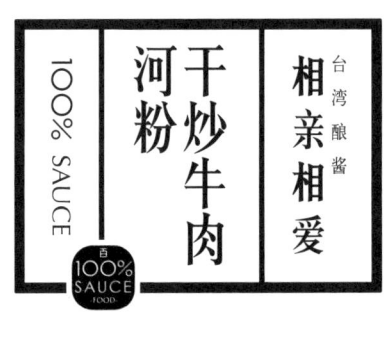

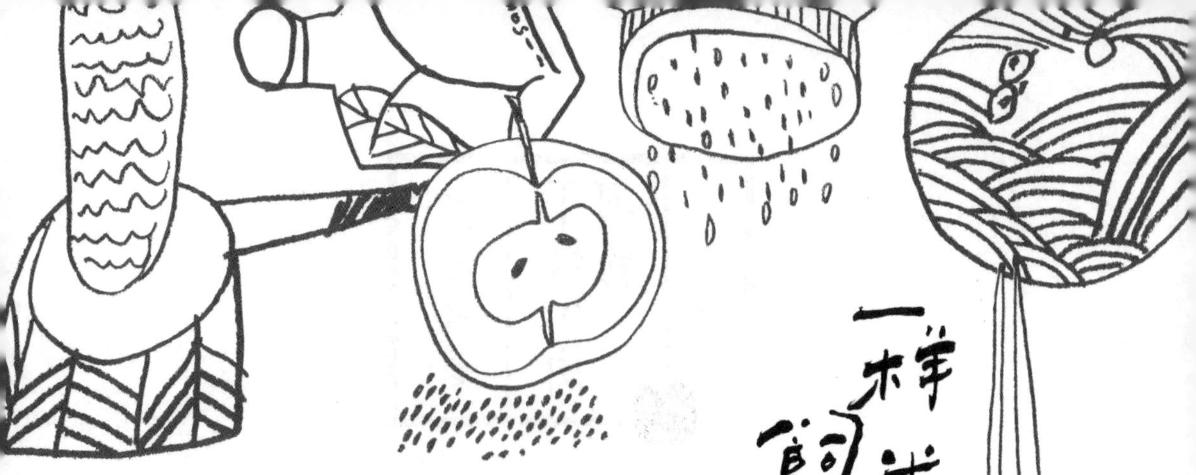

一样米要饲百样人

100%
本产种作

100% SAUCE FOOD

酒酿

Fermented Glutinous Rice

甜甜暖暖香香

酵母在这里做功
米饭正要开始酿成为酒
开始有了酒香
但米粒完整还在
碳水化合物开始要转化为酒精
但是淀粉还在
这就是酒酿，甜甜的酒酿
尤其在冷冷的寒天
酒酿煮个蛋、酒酿汤圆
脸颊红了
身子暖了

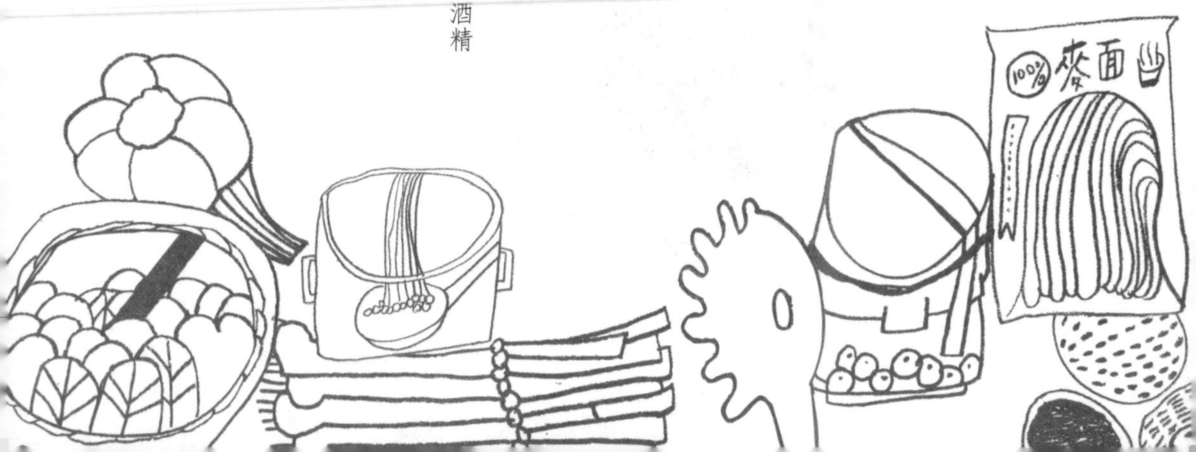

材料

菊花 0.5杯
水 1杯
酒酿 2杯

做法

1 水煮开放入菊花煮出茶色，放凉备用。

2 菊花茶放凉后，加入酒酿拌匀，置于冰箱保存。

Taiwan pure=sauce

身世族谱

花香盈口酒香沁心［菊花甜酒酿酱］

风土食物 SEED

菊花甜酒酿酱

做糕点，做内馅
兑温水成甜汤

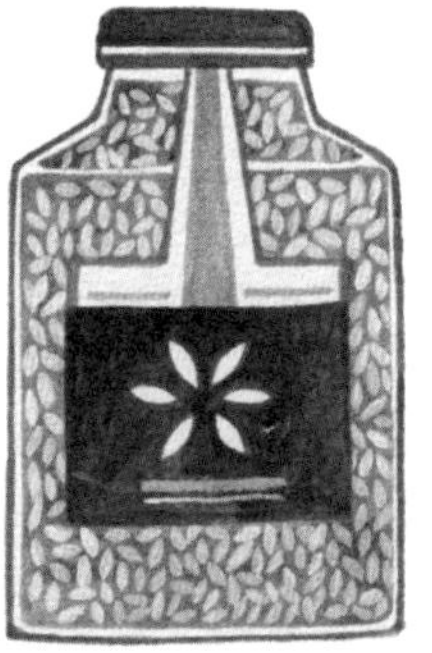

—美味区间—

未开封冷藏 30 天

素 甘

对应节气：小雪

❶ 糯米

米的口感主要取决于直链淀粉值；糯米值低所以颇黏，主要用以糕点，甜的用圆糯，咸的用长糯。

❷ 酒曲

曲是发酵制酒的关键，就像我们请蜜蜂为我们制蜜，也请更微小的曲菌，帮我们将米饭变出酒香。

菊花 ❸

我们以花入茶，桂花、菊花为最，都很适合配微甜与酒香。

台湾酿酱
物产遇
100% SAUCE
风土食物
Taiwan
pure=sauce

菊花甜酒酿酱与节气物产相遇

雨水

黄椒/酒酿粉蒸肉

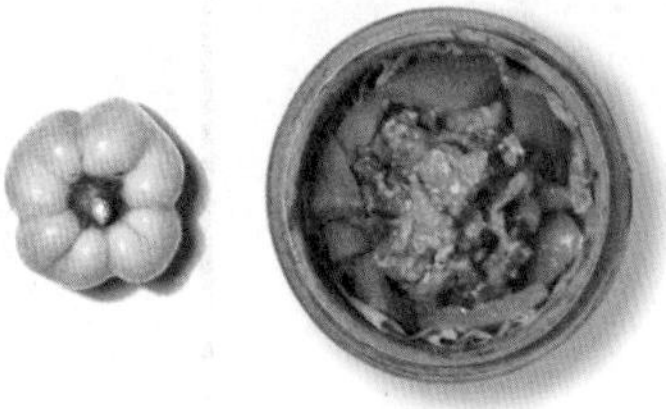

30分上桌

材料

梅花肉	200克	白胡椒	适量
菊花甜酒酿酱	1.5汤匙	甜椒	1个
酱油	1汤匙	冷冻白饭	1杯

做法

1 将冷冻白饭敲成饭碎备用。

2 梅花肉切片；甜椒切块备用。

3 将梅花肉片、菊花甜酒酿酱、酱油、白胡椒拌匀静置10分钟，再拌入做法1的饭碎。

4 将甜椒当底把腌好的肉放上，外锅放1杯水，以电锅蒸熟即可。

立夏

番茄/渍番茄

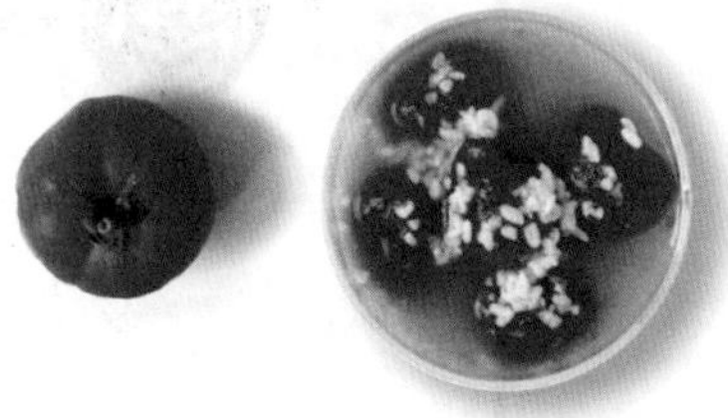

材料

番茄	250克
糖	50克
水	500毫升
菊花甜酒酿酱	250克

做法

1 将糖加水煮成糖水，冷却备用。

2 将番茄底部轻刀划十字，以热水煮约30秒，捞起冷却去皮备用。

3 将糖水、番茄和酒酿盛入一玻璃罐中盖好，置于冰箱冷藏一晚，即可开封食用。

秋分

梨/水梨蛋花汤

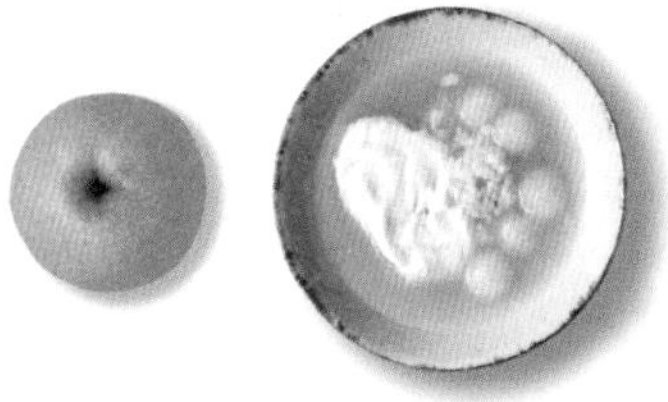

20分上桌

材料

水梨	600克	菊花甜酒酿酱	1汤匙
冰糖	20克	白醋	1汤匙
蛋	4个		

做法

1 将水梨用挖球器挖成小球，连皮和果肉加冰糖进电锅煮熟。

2 煮一锅热水，加入蛋与醋煮成水波蛋。

3 将煮好的冰糖水梨加上水波蛋，最后淋上酒酿即可。

立冬

黑芝麻/酒酿蛋糕

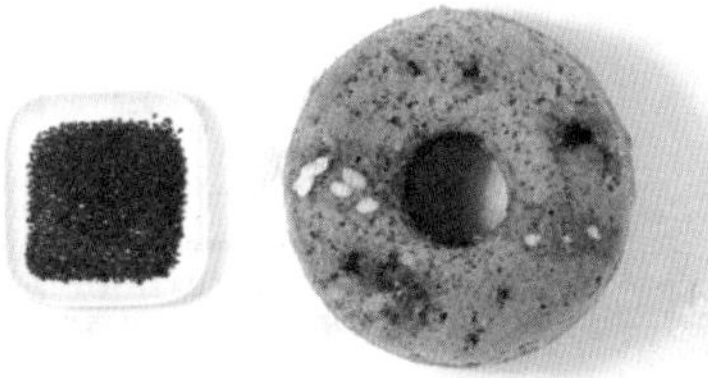

材料

无盐奶油	150克	泡打粉（过筛）	2茶匙
糖粉	100克	水	120克
蛋	2个	菊花甜酒酿酱	3汤匙
低筋面粉（过筛）	200克	黑芝麻粉	20克

做法

1 将无盐奶油用搅拌器打成丝状，过程分3次加入糖粉。

2 将蛋、低筋面粉、泡打粉、水，分成3次加入拌匀成面糊。

3 最后再加入酒酿、黑芝麻粉拌匀，倒入已抹上奶油的模型八分满。

4 放入已预热180摄氏度的烤箱烤25分钟，冷却后脱模，并涂上酒酿即可。

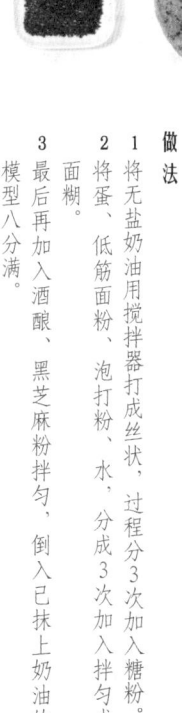

台湾酿酱

他方遇

沾蘸食

瑞士

Switzerland

以锅为器，以火烧锅，就餐人沿桌而坐同食。将巧克力煮至融化，水果、饼干、面包皆可蘸食。

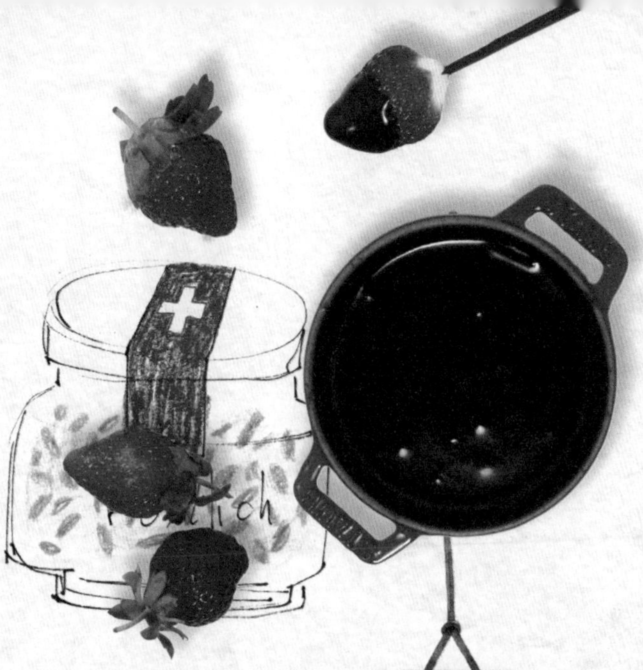

草莓巧克力锅

材料

巧克力　50克
牛奶　100克
菊花甜酒酿酱　50毫升
草莓　300克

做法

1 将巧克力隔水加热，融化后加入牛奶和菊花甜酒酿酱，拌匀成热巧克力。

2 食用时只要将草莓蘸热巧克力即可。

相亲相爱
台湾酿酱

甜酒酿
米苔目

100% SAUCE

材料

米苔目 300克
糖 80克
水 600克
冰块 2杯
菊花甜酒酿酱 1.5汤匙

做法

1 将糖加水煮成糖水，冷却备用。
2 取一食器铺上冰块加上米苔目，淋上糖水，最后加上菊花甜酒酿酱即可。

米苔目

粿在米筛的孔洞搓揉出线条，
农忙收割的实时食，
咸甜冷热，传统新式，
都是巷弄人间好时节。

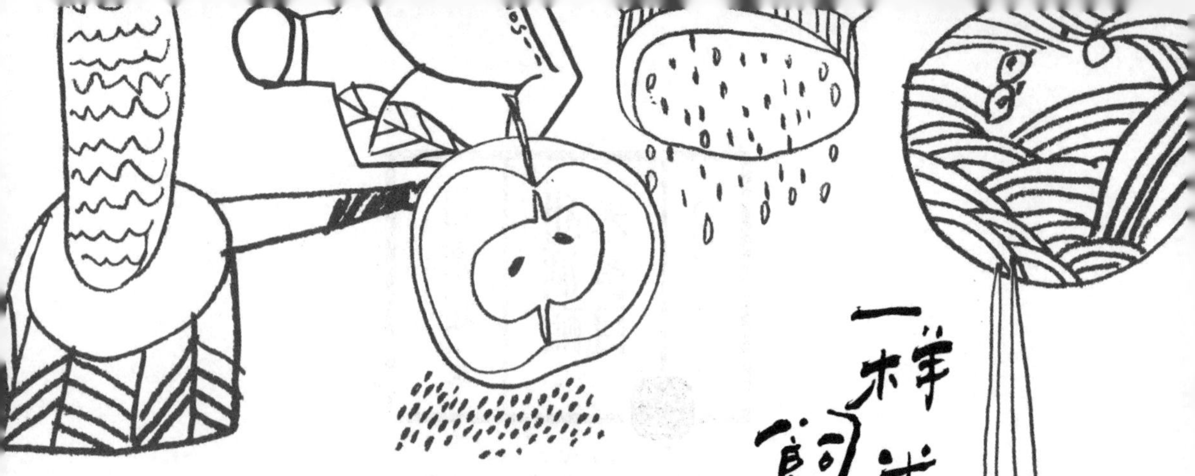

一样米饲百样人

100%
本产种作

红糟

Red Yeast Rice

养生红

如果黄黄的味噌很日本
那么鲜红的红糟
也足让我们引以为傲
红露酒鲜少人闻问了
反倒红曲、红糟青出于蓝
天然的红，从视觉便提了食欲
防腐、避腥、增香……都其次
普遍目光的焦点都在健康、养生
红糟肉、红糟鱼、红糟鸡
我更在乎的红糟
为中华料理奠定多少基石？
加了多少分？

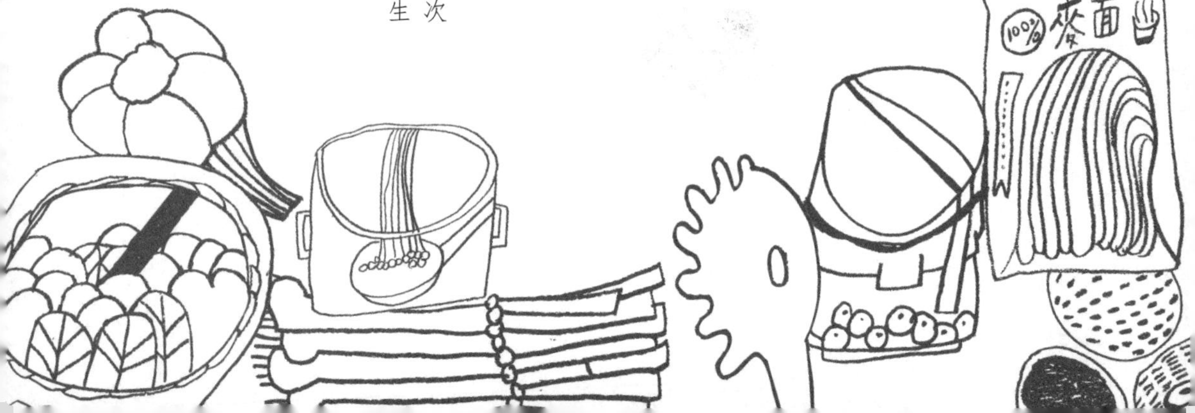

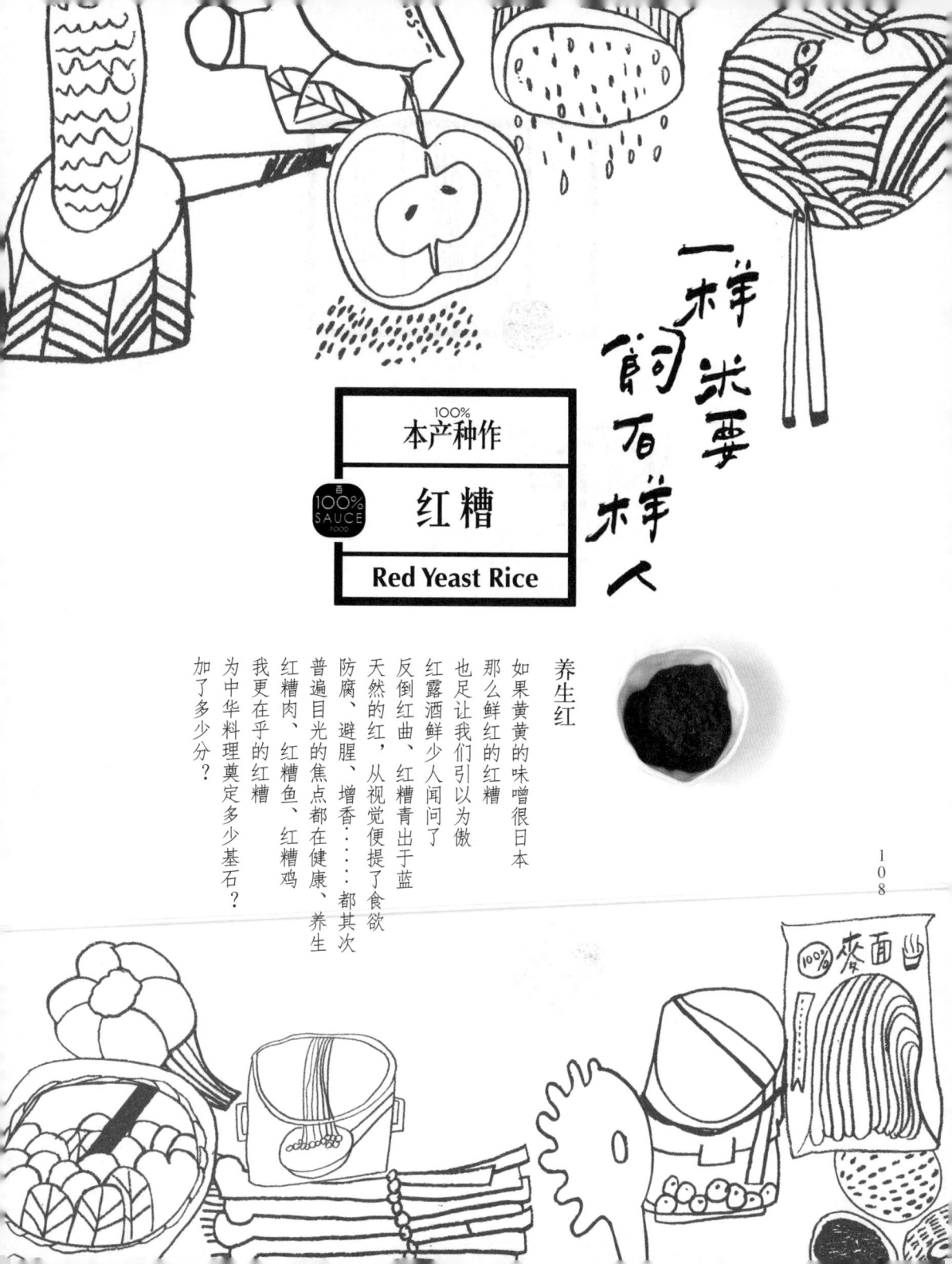

材料

红糟酱	3汤匙
干燥玫瑰花瓣	1汤匙
枸杞	1.汤匙
干燥红枣	5个
玫瑰水	1汤匙

做法

1 将红枣去子备用。

2 将去子红枣与所有材料，置于食物调理机打成泥状后装罐即可。

Taiwan
pure=sauce

身世族谱

厚生增色的酒红［玫瑰红糟酱］

玫瑰红糟酱

腌烧肉，醉糟鸡
闽客菜系的一道红玉

—美味区间—

未开封冷藏 30 天

对应节气：谷雨

❶ 玫瑰花

食用玫瑰以红糖捣酱，玫瑰入菜，可使菜肴逸发花香，滋养容颜。

❷ 玫瑰纯露

玫瑰蒸馏后，分离出精油与纯露。纯露即为玫瑰水，带着玫瑰香的纯水。

❸ 红糟

蒸熟米饭中添入红曲菌种后干燥而成红曲米，红曲米与酒精、熟糯米发酵后成红糟，为福州与客家菜常见的佐料。

❹ 枸杞

枸杞是药是食，明目众所皆知。

台湾酿酱
物产遇
100% SAUCE FOOD
风土食物
Taiwan
pure=sauce

玫瑰红糟酱与节气物产相遇

春分

白花椰/酱拌毛豆花椰

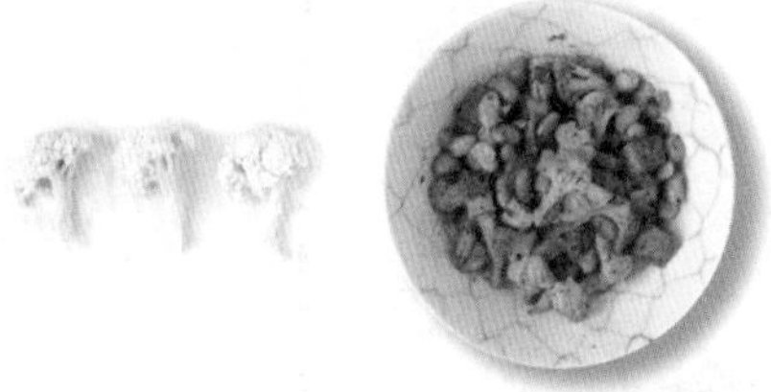

材料 10分上桌

玫瑰红糟酱	1.5汤匙	油豆腐	5块
白花椰菜	200克	苦茶油	1汤匙
毛豆	200克	盐	适量

做法

1 白花椰菜分成小朵；油豆腐切小丁备用。

2 将毛豆汆烫过，冰镇去膜备用。

3 将白花椰菜汆烫后，起一油锅油炒毛豆，再拌入白花椰菜与油豆腐丁略炒。

4 拌入玫瑰红糟酱，加一些水焖煮2分钟后以盐调味即可。

谷雨

麻竹笋/酱烧红糟肉

材料 40分上桌

玫瑰红糟酱	1.5汤匙	苦茶油	1汤匙
梅花肉片	250克	盐	适量
麻竹笋	200克		

做法

1 将麻竹笋煮熟后冰镇切块备用。

2 将玫瑰红糟酱、梅花肉片混合腌制约30分钟。

3 起一油锅，油煎腌制好的红糟肉至熟夹起。

4 原锅加入笋块拌炒后，以盐调味即可。

立秋

莲藕/桂花蜜莲藕

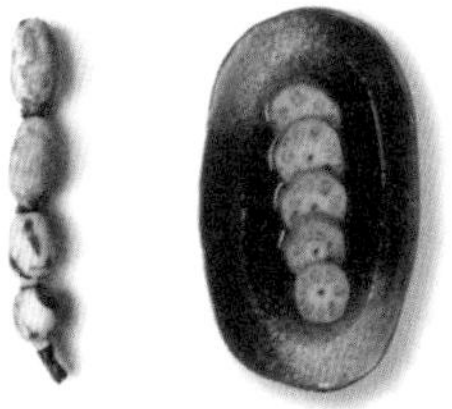

材料

玫瑰红糟酱	2茶匙	二砂糖	250克
圆糯米	1杯	桂花蜜	2汤匙
莲藕	600克	盐	0.25茶匙

做法

1 圆糯米浸泡1小时，莲藕去皮备用。

2 将玫瑰红糟酱与圆糯米混合均匀为内馅。

3 以竹签协助将内馅填入莲藕孔内，须填满每个孔隙。

4 以冷水开始煮，将莲藕煮开后，盖上锅盖小火煮约1小时。

5 将莲藕取出后，沥掉水分，原锅加入莲藕、二砂糖、桂花蜜、盐与水至锅子八分满，盖上锅盖以小火煮约2小时。

6 煮好的莲藕原锅冷却后，食用时切片即可。

大寒

树薯/树薯甜汤

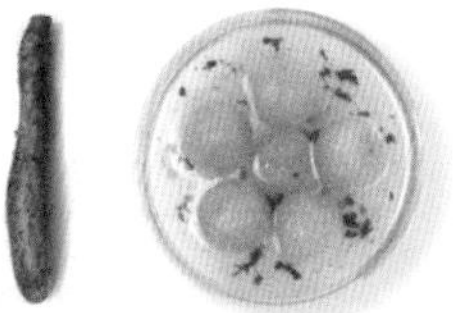

材料 5分上桌

玫瑰红糟酱	2汤匙
树薯	300克
糖	200克

做法

1 将树薯去皮切小块后，以水煮熟，放入糖煮至入味。

2 食用时，在甜汤上淋一点玫瑰红糟酱即可。

台湾酿酱

他方遇 二

小巧食

法国

France

马卡龙，

这『少女的酥胸』，

常常也是进阶烘焙者的滑铁卢。

怎么说呢，

除了烘焙温度的细腻掌控，

还要有着细心而谨慎的调理节奏，

因为太需要功夫，

还为其创了一个macaronage马卡龙手法的词汇。

缤纷的马卡龙，

有着花样少女的蕾丝裙摆，

与柔美香甜的内心，法国时尚甜点的代表作。

饼皮

玫瑰红糟酱　1茶匙
杏仁粉　50克
糖粉　40克
蛋白　40克
细砂糖　35克

内馅

鲜奶油　50毫升
玫瑰红糟酱　0.5茶匙

内馅做法

1 将鲜奶油加玫瑰红糟酱打发备用。

马卡龙做法

1 将杏仁粉与糖粉过筛，混合备用。
2 分3次将糖与蛋白打发至干性发泡。
3 迅速将做法1过筛后的粉与玫瑰红糟酱，拌入发泡的蛋白成杏仁糊。
4 将杏仁糊装在挤花袋内，在烤盘上挤压出1元硬币大小的圆饼。
5 轻敲烤盘底部，室温下放置30分钟。
6 将烤盘放入120摄氏度预热的烤箱，烘烤8分钟。
7 再调高为140摄氏度烤8分钟。
8 冷却后，从烤盘上取出，夹馅即可。

100% SAUCE

桂圆糯米糕

相亲相爱

台湾酿酱

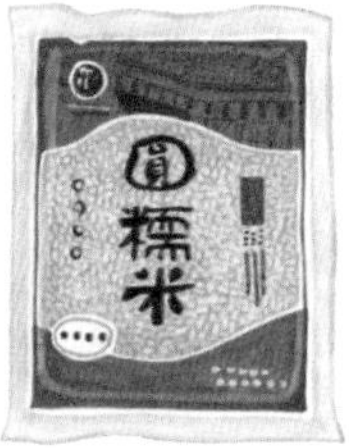

圆糯米

圆短色乳的圆糯米，
淀粉含量多而黏性强，
可用来酿酒做曲、做糕做粿，
在饮食记忆里，
无疑是节庆食材的味道。

桂圆

李时珍在《本草纲目》中写道：
“食以荔枝为贵，而滋以龙眼为良。”

圆润晶莹如龙之眼，
初秋果实成熟时采摘，
剥果皮取肉去核，
晒至干爽不黏，
能益心脾，
补血安神，更胜参芪。

材料

玫瑰红糟酱 2汤匙
圆糯米 1.5杯
桂圆 1.5汤匙
二砂糖 0.5杯
米酒 3汤匙

做法

1 将圆糯米洗净浸泡2小时备用。
2 将浸泡后的圆糯米，加上其他材料与1.5杯的水置于电锅内锅。
3 再放1杯水于电锅外锅，蒸熟后即可。

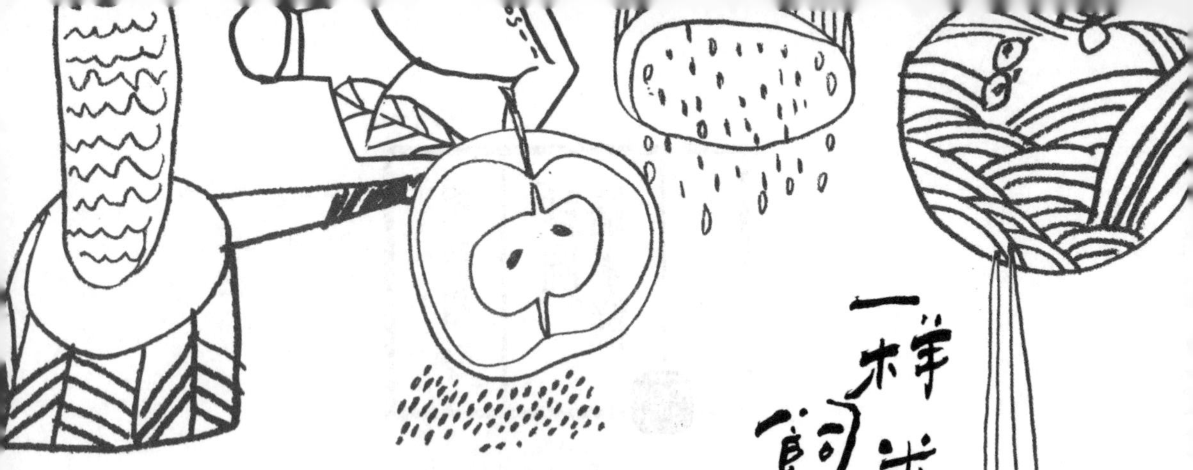

一样米饲百样人

100%
本产种作

咸蛋

Salted Egg

人生百态

就像鸡生蛋、蛋生鸡般无解
人类不知对蛋花了多少心思
水只也不过三态
蛋岂止百态
煎煮炒炸蒸烤，因人、因地、因文化而异
美式早餐将蛋演绎成太阳了
我们也在温度、时间、口味里细究
皮蛋、咸蛋、卤蛋、贵妃蛋……
一方风土养一方人
每个地方、地方人
都有自己对待蛋的态度

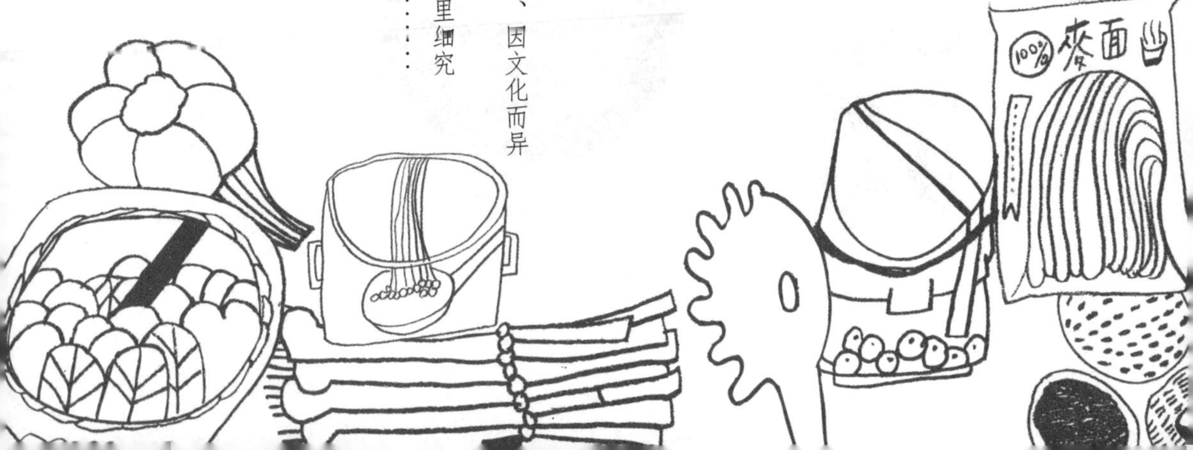

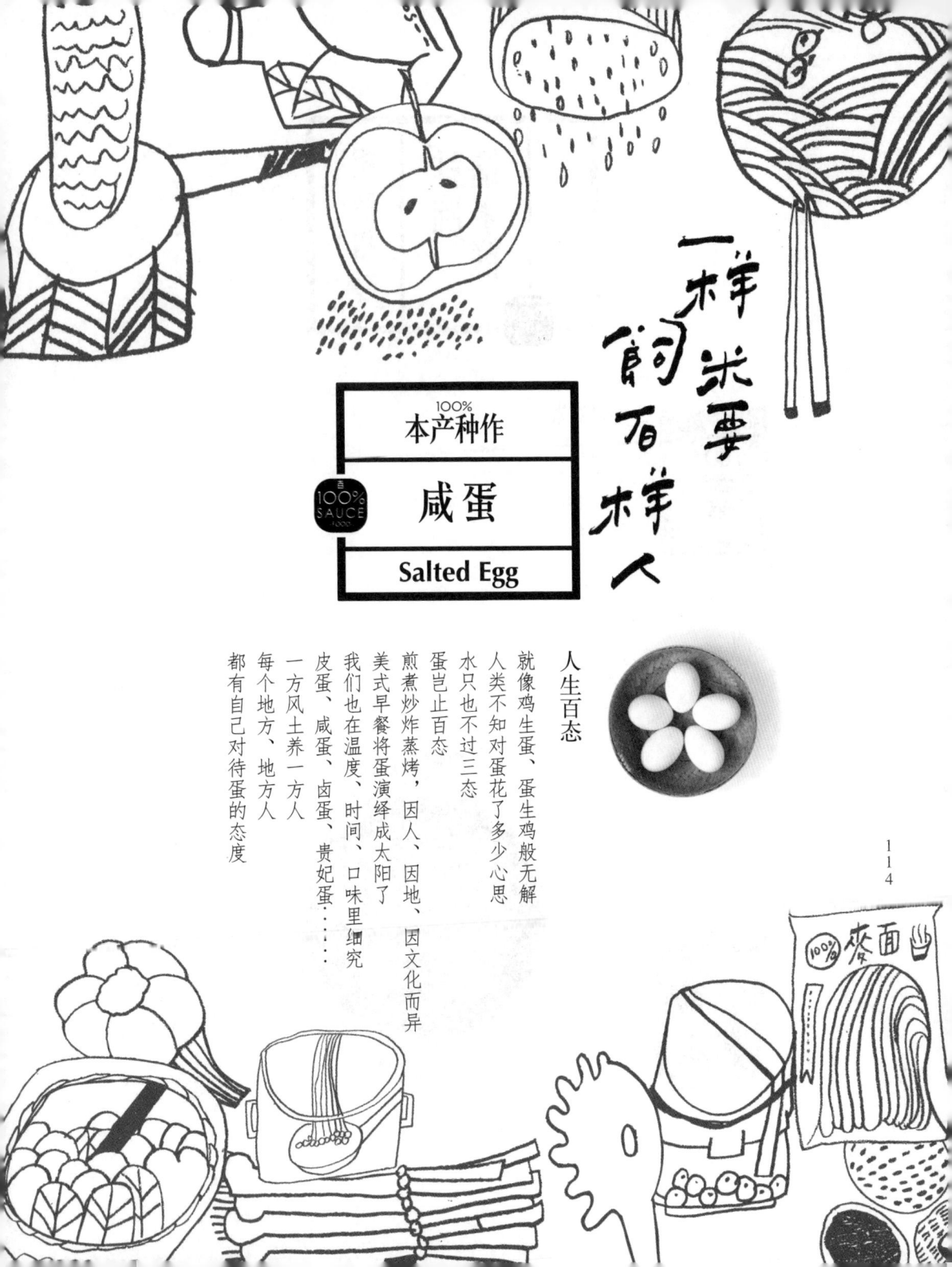

材料

咸蛋 3个
葱 20克
姜 20克
蒜 20克
冬菜 10克
苦茶油 1.5茶匙
米酒 0.5茶匙

做法

1 葱、姜、蒜、冬菜切末备用。
2 将咸蛋的蛋黄和蛋白分开，分别捣成碎末状备用。
3 蛋黄以1茶匙的苦茶油炒香酥，最后淋上米酒成金沙备用。
4 将葱、姜、蒜、冬菜末煸香，加上碎蛋白炒匀，最后加上金沙炒匀，待香气混合即可。

Taiwan
pure=sauce

身世族谱

餐桌上的金沙
[咸蛋冬菜酱]

风土食物
SEED

咸蛋冬菜酱

难分难舍的沙沙口感
苦瓜的最佳拍档

—美味区间—

未开封冷藏 30天

对应节气：大寒

荤
香

❶ 咸鸭蛋

腌制鸭蛋的方式有红土、盐水与酒渍等法，自家的咸鸭蛋以红土、高粱酒与盐封渍。咸鸭蛋挑选以色红油润为上品。

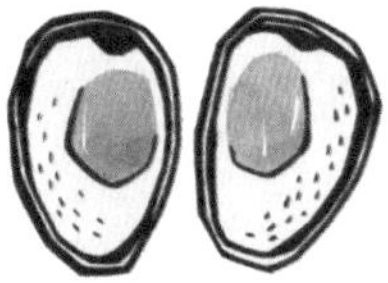

❷ 冬菜

以冬季盛产蔬菜腌渍得名，中国大陆多以大白菜为主，台湾则用高丽菜与大白菜。

葱姜蒜 ❸

料理前的爆香，葱姜蒜齐备，让台湾味显得完全。

台湾酿酱
物产遇
风土食物
Taiwan
pure=sauce

咸蛋冬菜酱与节气物产相遇

立春

韭菜/凉拌韭菜

5分上桌

材料

韭菜 1根
苦茶油 1汤匙
咸蛋冬菜酱 2汤匙

做法

1 韭菜汆烫后冰镇，切小段备用。
2 将咸蛋冬菜酱以苦茶油炒至香气溢出，再淋在韭菜段上即可。

大暑

苦瓜/苦瓜咸蛋

15分上桌

材料

苦瓜 1根
苦茶油 1汤匙
水 适量
咸蛋冬菜酱 2茶匙

做法

1 苦瓜对切去瓤，切斜条。
2 起一油锅，将苦瓜表面煎至上色，捞起备用。
3 在原锅加入咸蛋冬菜酱后，炒出香气，再加入苦瓜，拌煮至均匀裹上酱。
4 最后加入水，煮至收干即可。

秋分

茭白笋/金沙美人腿

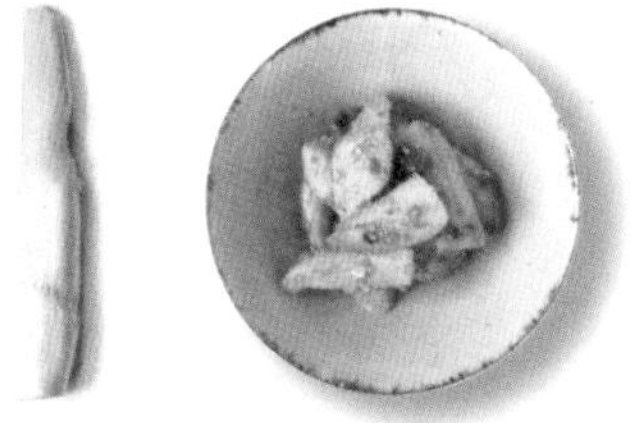

材料 10分上桌

茭白笋 300克
苦茶油 1汤匙
咸蛋冬菜酱 2茶匙
水 适量

做法

1 茭白笋切滚刀块，起一油锅，将茭白笋拌炒，加水盖上锅盖焖煮3分钟。

2 加入咸蛋冬菜酱拌炒，使酱料起小泡沫，茭白笋均匀裹上酱即可。

大寒

黑柿番茄/番茄炒虾

材料 20分上桌

虾仁 200克	盐 适量
黑柿番茄 2个	咸蛋冬菜酱 2汤匙
苦茶油 2汤匙	

做法

1 黑柿番茄去子切小块；虾仁开背备用。

2 起一油锅，将虾仁煎至变色后即取出，原锅将黑柿番茄拌炒过后捞起。

3 起一新油锅，将咸蛋冬菜酱炒到起小泡沫，拌入虾仁及黑柿番茄，均匀裹上酱料后，再以盐调味即可。

小巧食 西班牙

Spain

在安达卢西亚的小酒馆，
供应数量多元、
种类不同的Tapas已是传统。
里头的小小圆桌，
聚集着预备话题伺机而动的西班牙人，
一口雪莉酒一口Tapas，
如同于亚洲的港式茶点，
一口茶一口点心，
在玻璃杯与玻璃杯的杯声问候中，
为美好的一日落下句点。

章鱼Tapas

材料

小章鱼	18只
洋葱	0.25个
棍子面包	1根
西洋香菜末	2汤匙
白酒	2汤匙
咸蛋冬菜酱	1.5汤匙

做法

1 将洋葱切丝备用。

2 将小章鱼汆烫熟后，于水中加入白酒冰镇。沥干水分后，以咸蛋冬菜酱拌匀备用。

3 棍子面包斜切成片状为底，铺上做法2的小章鱼及洋葱丝，最后撒上西洋香菜末即可。

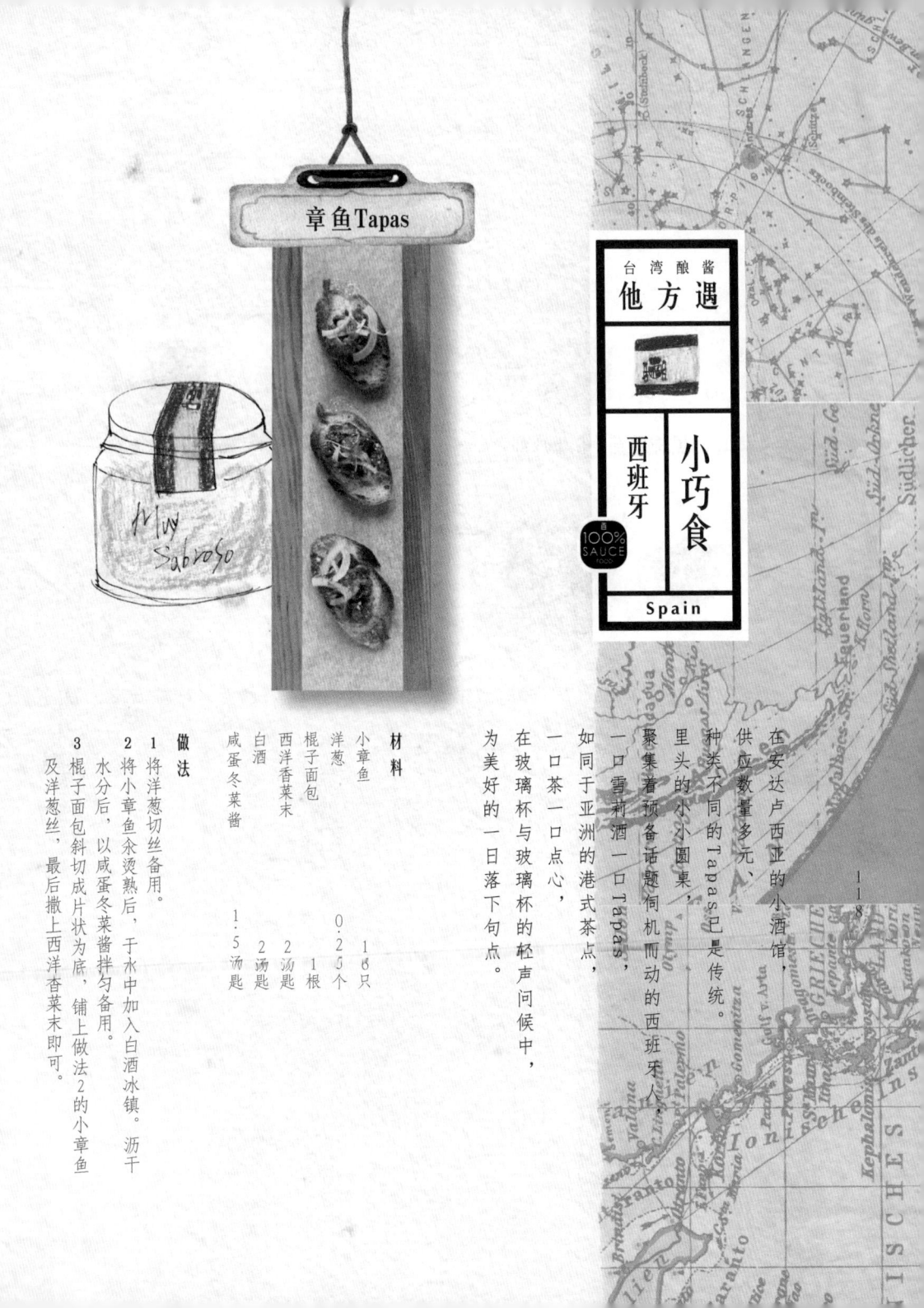

金银蛋炒野苋

100% SAUCE

相亲相爱

台湾酿酱

材料

皮蛋 2个
苋菜 1把
苦茶油 1.5汤匙
咸蛋冬菜酱 2汤匙

做法

1 苋菜洗净后切小段备用。
2 取一锅清水煮皮蛋，使蛋黄凝固。剥壳后切丁，混合咸蛋冬菜酱备用。
3 起一油锅拌炒苋菜，再加入做法2材料，混拌至熟即可。

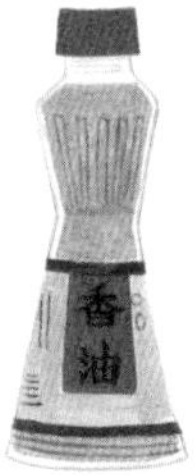

香油

台湾产的胡麻，
有白芝麻与黑芝麻两种，
两者在料理上分庭抗礼、各有功效。

黑芝麻榨出温补身体的黑麻油，
白芝麻的香油则为菜肴增色添香，
可辨又难辨的芝麻香。

皮蛋

以石灰泥与米糠封渍的鸭蛋，
被时间给熏得黑黑的，
外国人不解，
还以为存放了一整个世纪，
称之Century Egg。

仔细瞧瞧，
胶冻状的蛋白有着松花般的纹路，
溏心蛋黄，流泻出一股细致的芬芳，
熟食皮蛋瘦肉粥，
凉食皮蛋豆腐，
还成了热门的夜市油炸点心。

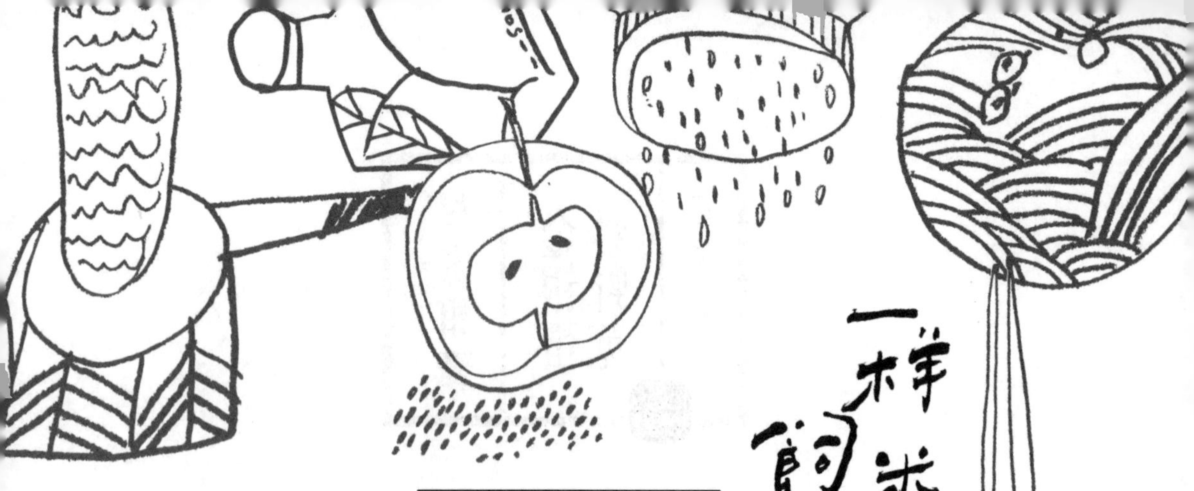

一样米要饲百样人

100%
本产种作

绿豆

Mung Bean

降火清毒的绿色奇迹

我们用绿豆闷出了嫩豆芽
用绿豆，做糕饼的豆沙馅
还有经典糕饼直名绿豆椪
冰果室里卖着绿豆沙
Q弹的冬粉春雨是绿豆做的
每户人家都会煮锅绿豆汤
绿豆和着米煮成绿豆粥
绿豆入了本草纲目，甘凉解热毒
我们都是从小喝绿豆汤长大
一路从而立、不惑……
喝到知天命、耳顺

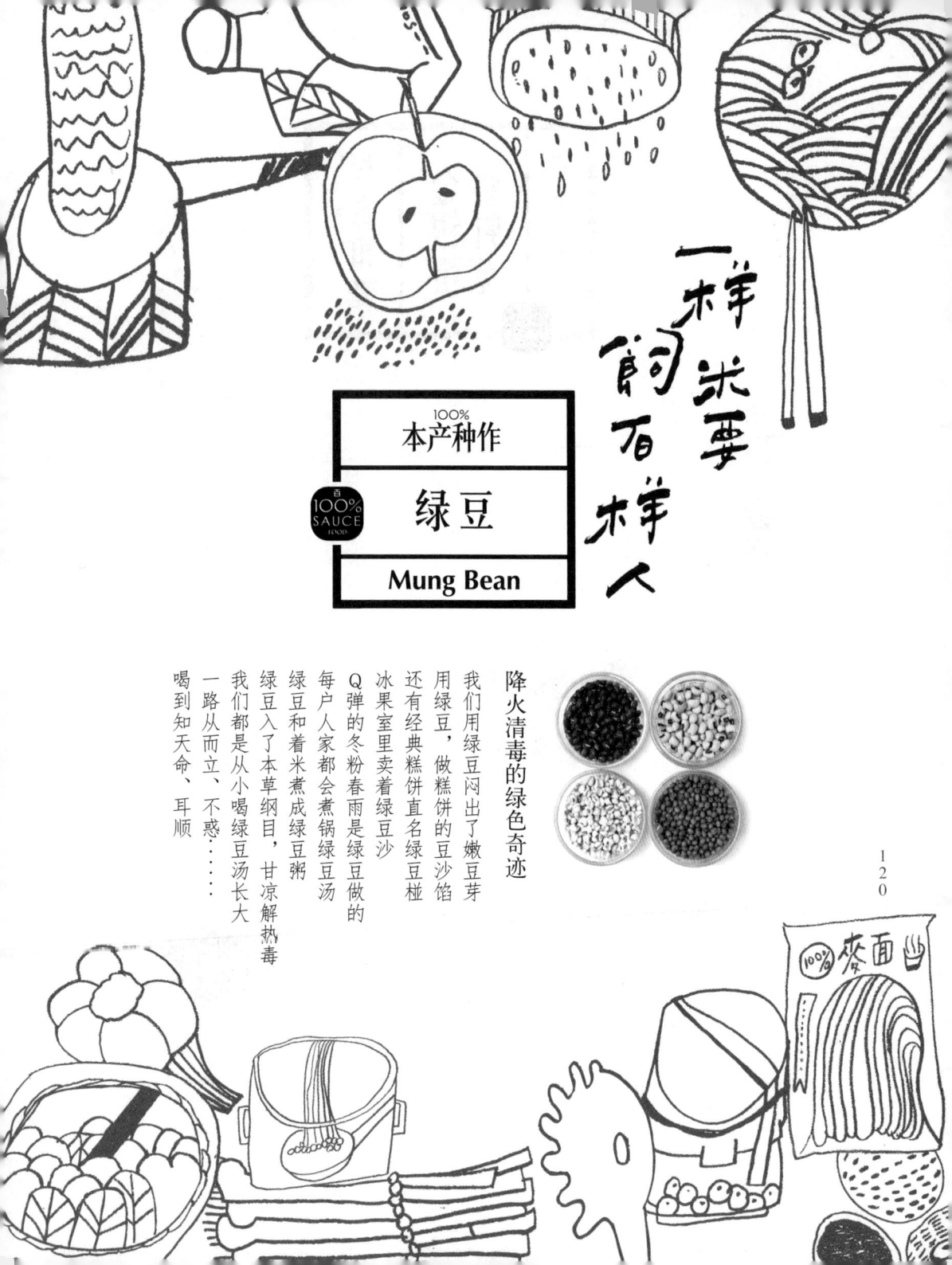

材料

绿豆	100克
绿豆蒜	50克
杏仁粉	50克
糖	100克

做法

1 泡过水的绿豆，以电锅煮熟，捣成泥。

2 绿豆蒜泡过水以电锅蒸熟。

3 将绿豆泥加糖和杏仁粉在锅里加热拌匀，最后再拌入绿豆蒜成酱即可。

Taiwan
pure=sauce

身世族谱

南方岛屿的甜韵
[杏仁豆蒜酱]

风土食物
SEED

杏仁豆蒜酱

难以明辨的奶酱
沾沾自喜的妙满拿手菜

—美味区间—

未开封冷藏 30 天

对应节气：皆宜

素甘

1 绿豆蒜

脱去绿皮的绿豆黄，碎碎如蒜末，所以叫绿豆蒜，也有一说是馔的误写，绿豆汤勾芡版是乡村风甜点。

2 糖

糖是有颜色的，糖是在甜上附带风味的，从黑糖到冰糖，看料理人选择。

绿豆 3

我们绿豆吃得淋漓尽致，家常煮汤煮粥，糕饼更是大宗，红豆总滋补，绿豆便降火。

杏仁 4

南杏甜、北杏苦，甜者食、苦者药。炒茶做甜品的是南杏，杏身味浓，先磨后炒，煮起茶来个性分明。

台湾酿酱
物产遇
风土食物
Taiwan pure=sauce

杏仁豆蒜酱与节气物产相遇

春分

香蕉/香蕉麦仔煎

材料 10分上桌

中筋面粉	100克	油	1汤匙
鸡蛋	1个	盐	少许
糖	10克	杏仁豆蒜酱	2汤匙
泡打粉	0.5茶匙	香蕉	2根切片
水	140毫升		

做法

1 杏仁豆蒜酱加适量水稀释成糊状，香蕉切片备用。

2 将其余食材搅打并拌匀成面糊。

3 平底锅加热后涂上薄薄的油，倒入面糊充满平底锅底。

4 待面糊充满小泡泡，铺上杏仁豆蒜酱与香蕉片成半圆，再盖上另一半成半圆形，盖上锅盖1分钟即可。

夏至

莲雾/绿豆凉糕

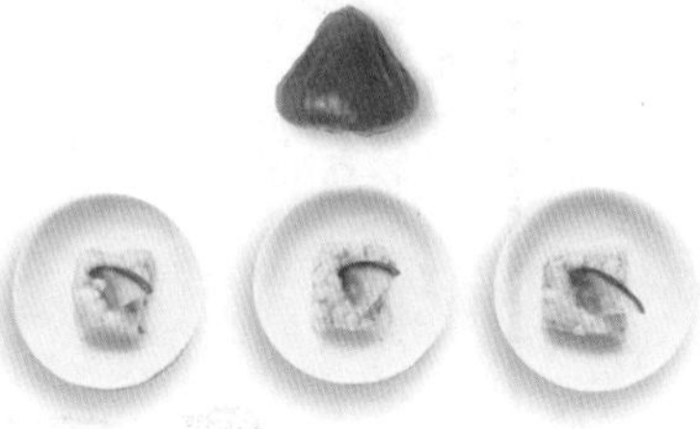

材料 180秒上桌

莲雾	1个
杏仁豆蒜酱	4汤匙
水	250毫升
寒天粉	1汤匙

做法

1 莲雾切小丁备用。

2 将杏仁豆蒜酱、水、寒天粉拌匀，加热煮滚2分钟，放入容器并冷藏定型。

3 食用前再加入莲雾丁即可。

白露

桂花/桂花汤圆

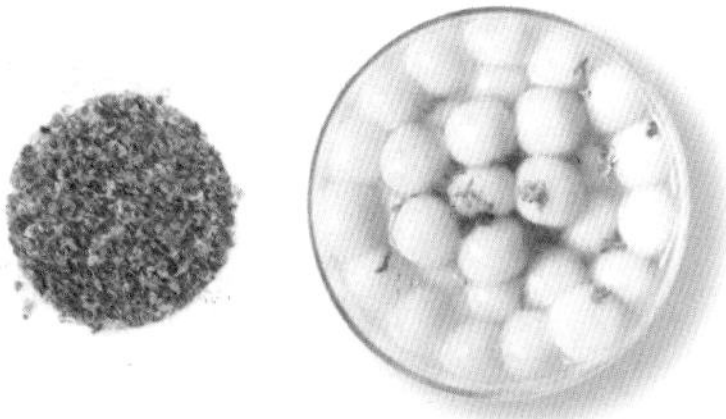

材料 20分上桌

糯米团	200克
杏仁豆蒜酱	50克
桂花	1汤匙
糖	200克
水	800克

做法

1 将糯米团分成20等份当成汤圆皮，也将杏仁豆蒜酱分成20等份馅，包一起搓成汤圆，煮熟，备用。

2 糖和水煮成糖水，再加入桂花煮出香气后，再把汤圆加入煮开即可。

立冬

哈密瓜/哈密瓜凉饮

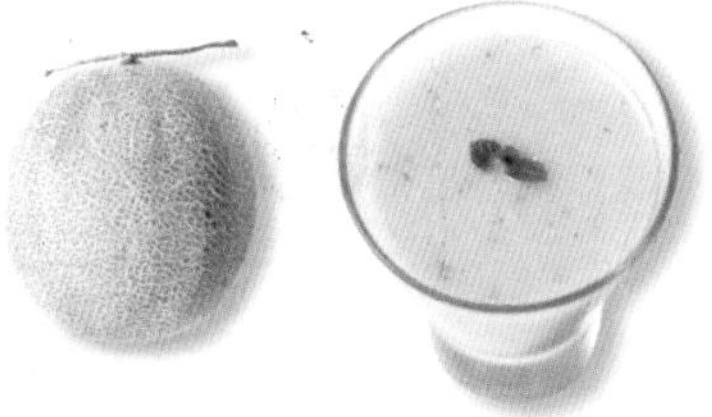

材料 90秒上桌

哈密瓜	800克
杏仁豆蒜酱	3汤匙
冰水	400毫升

做法

1 将果肉放入果汁机打成泥。

2 再加入杏仁豆蒜酱、冰水拌匀。

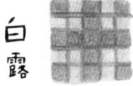

台湾酿酱

他方遇

喝凉饮 越南

100% SAUCE FOOD

Vietnam

产于南洋群岛的西米棕榈，非米，却有米的讨喜外表，白净滑透。先煮、后焖、再冲凉，十足热带岛屿风味。

杏仁绿豆椰奶西米露

材料

西谷米 100克
椰奶 200克
杏仁豆蒜酱 3汤匙
糖水 100毫升
冰块 2杯

做法

1 西谷米煮熟冰镇，备用。
2 椰奶加糖水拌匀后，再加入杏仁豆蒜酱，最后再加入西谷米和冰块即可。

千层饼

台湾酿酱 相亲相爱

100% SAUCE

材料

葱油饼皮	4片
杏仁豆蒜酱	2汤匙
糖粉	适量
苦茶油	适量
水	适量

做法

1 将葱油饼煎熟，放凉切成长条状备用。
2 杏仁豆蒜酱用水稀释成抹酱。
3 将长条的饼皮涂抹一层酱，再叠上饼皮直到五层。
4 最后撒上糖粉做装饰即可。

葱油饼

没有葱，
这张饼平凡无奇，
有了葱，
这张饼平淡而伟大，
在这里，
葱比饼重要。

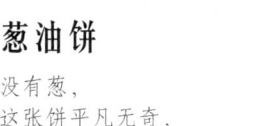

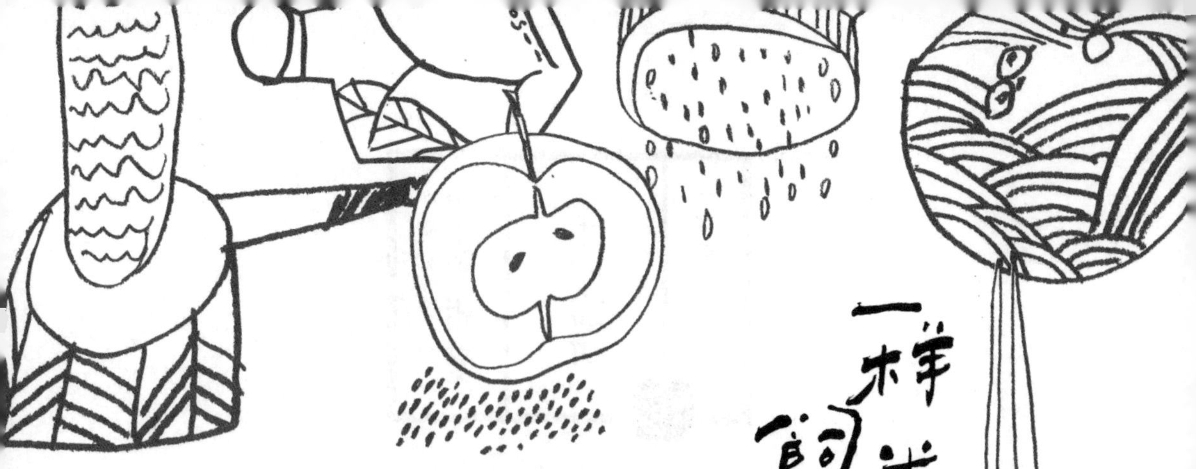

一样米要饲百样人

100%
本产种作
花生
Peanut

百 100% SAUCE FOOD

土里土气的豆

在台湾
有一些农家
就靠种花生，将孩子拉扯长大
有人靠榨花生油，开着油行
有人用麦芽团结了花生，卖着糖
为了做麻糬，有人将花生磨成了粉
花生磨成了粉，夹进了润饼里
闲来喝杯酒，起码也要配些花生米
在这土地上
有人种花生、有人加工花生、有人吃花生……
生活、记忆……不断累积
就会沉淀成文化

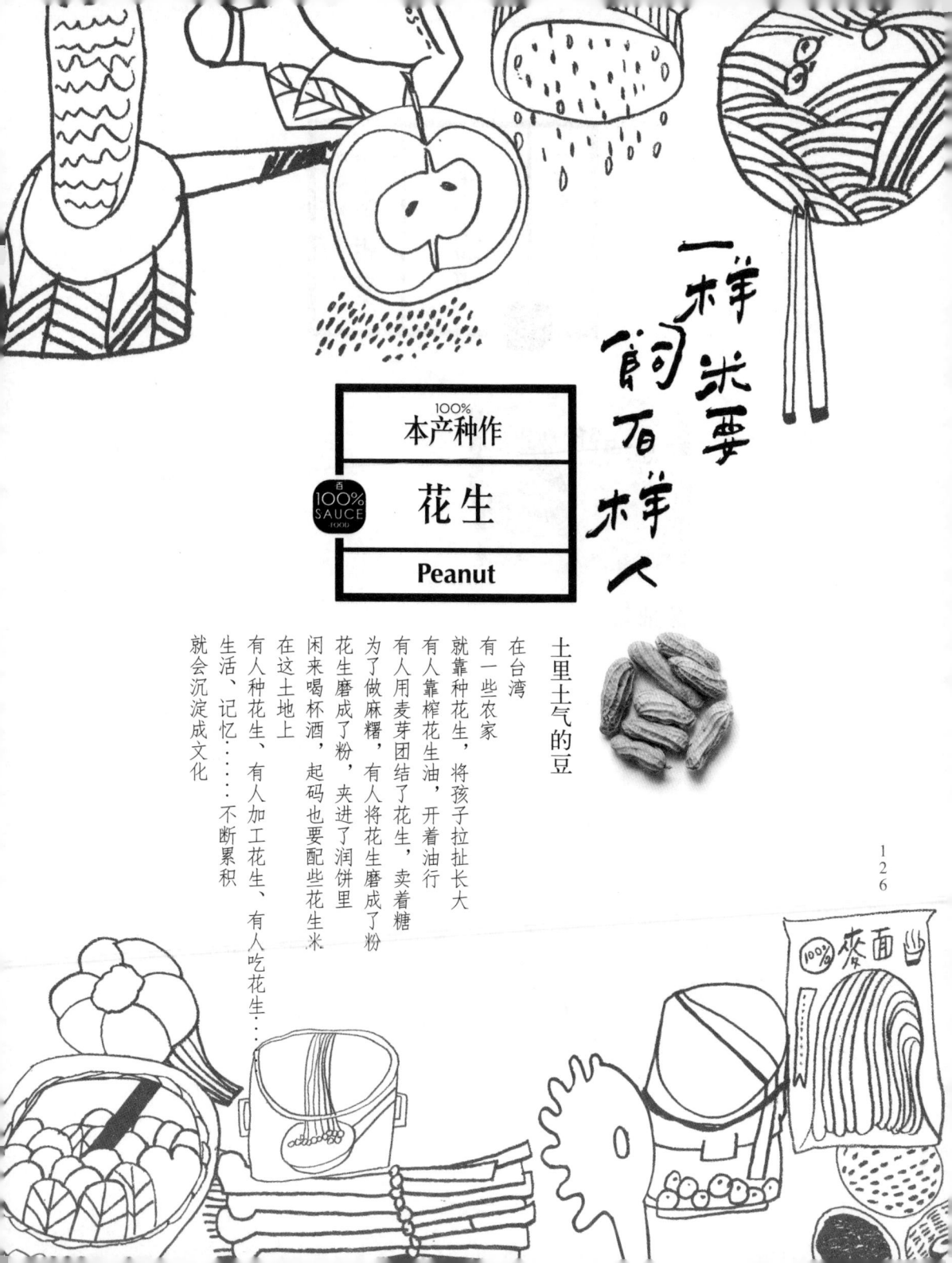

材料

花生酱	6汤匙
芝麻酱	2汤匙
蒜	40克
姜	20克
葱	20克
盐	0.5茶匙

做法

1 将材料蒜、姜、葱切末备用。

2 再将所有材料混合均匀即可。

Taiwan
pure=sauce

身世族谱

土地与海盐的朴厚
[花生芝麻酱]

花生芝麻酱

拌凉面，沙嗲菜
细腻稠滑的坚果香

—美味区间—

未开封冷藏 30 天

对应节气：皆宜

❶ 花生酱

花生，从播种、栽培到收成，从炒粒、榨油到磨粉，还有花生做酱，有粗粒或棉细。

❷ 葱姜蒜

葱姜蒜，不爆香，取其生鲜香辛气，是另一番滋味。

❸ 白芝麻酱

以手工摘取的白芝麻研磨成泥，油脂重而芝麻香浓，为麻酱面的主要酱方。

❹ 盐

即使是甜食也得有盐，只是多少的问题而已。

花生芝麻酱与节气物产相遇

台湾酿酱
物产遇
100% SAUCE FOOD
风土食物 SEED
Taiwan pure=sauce

立春

芹菜/凉拌芹菜

材料 60秒上桌

花生芝麻酱 1.5汤匙
芹菜 2根
葡萄干 适量
水 1茶匙

做法

1 先将芹菜刨片备用。
2 花生芝麻酱与水调开成酱汁。
3 在芹菜上淋酱汁，再撒上葡萄干即可。

夏至

南瓜/酱烧南瓜

材料 20分上桌

花生芝麻酱 2汤匙
南瓜 250克
苦茶油 1汤匙
水 1茶匙

做法

1 花生芝麻酱加水调开成酱汁；南瓜切小块备用。
2 块状南瓜均匀涂上苦茶油后，置于已预热200摄氏度的烤箱烤15分钟。
3 取出南瓜后，再均匀铺满酱汁回烤1分钟即可。

立秋

莲藕/莲藕涮片

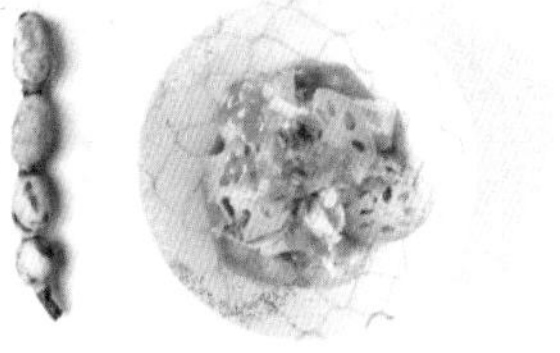

材料 10分上桌

莲藕	150克	醋	适量
火锅肉片	250克	水	1茶匙
芫荽	1汤匙	花生芝麻酱	2汤匙

做法

1 将花生芝麻酱和水调开成酱汁备用；莲藕切薄片；芫荽切末。

2 将莲藕加醋，汆烫后冰镇沥干水分备用。

3 火锅肉片汆烫备用。

4 将做法2～3混合均匀后，淋上酱汁，最后撒上芫荽末即可。

立冬

柳丁/橙汁鸡丁

材料 30分上桌

花生芝麻酱	1.5汤匙	洋葱	1个
去骨鸡腿	1只	酱油	1汤匙
柳橙汁	0.5杯	苦茶油	1汤匙
柳橙皮	1个	盐	适量

做法

1 将去骨鸡腿切块备用。

2 将花生芝麻酱、柳橙汁、酱油以及一半分量的柳橙皮，拌匀成调味汁备用。

3 起一油锅，拌炒洋葱后，放入鸡腿煎至金黄色。

4 倒入调味汁盖上锅盖，以小火收至汤汁浓稠。

5 最后以盐调味，并以剩余的柳橙皮装后即可。

酱烧烤

马来西亚 Malaysia

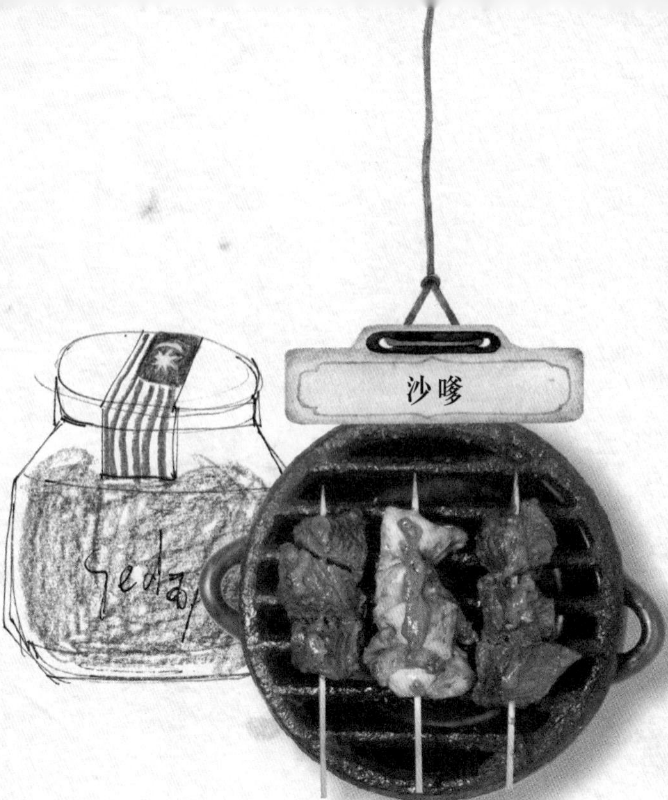

烧烤的文化世界各地皆有所长，
不过度繁复的料理步骤，
与随性而至的酱料选择，
都是狂欢狂喜的群聚配方。

马来西亚的沙嗲，
以姜黄与带辛辣感的花生酱为佐料，
搭配清脆的黄瓜与洋葱，
可以为路边小食，亦能宴酬，
是宾主尽欢的开场白。

材料

花生芝麻酱	1.5汤匙
小茴香粉	0.5茶匙
辣椒粉	0.25茶匙
姜黄粉	0.25茶匙
水	0.5茶匙
牛小排	300克
去骨鸡腿肉	300克
竹签	16根

做法

1 竹签泡水，牛小排切块；去骨鸡腿肉切块备用。

2 将花生芝麻酱、小茴香粉、辣椒粉、姜黄粉、水混合均匀成沙嗲酱后备用。

3 将肉块腌渍于沙嗲酱中约1小时。

4 以竹签串肉，放入预热220摄氏度的烤箱烘烤。牛肉约烤6分钟、鸡肉约烤10分钟即可。

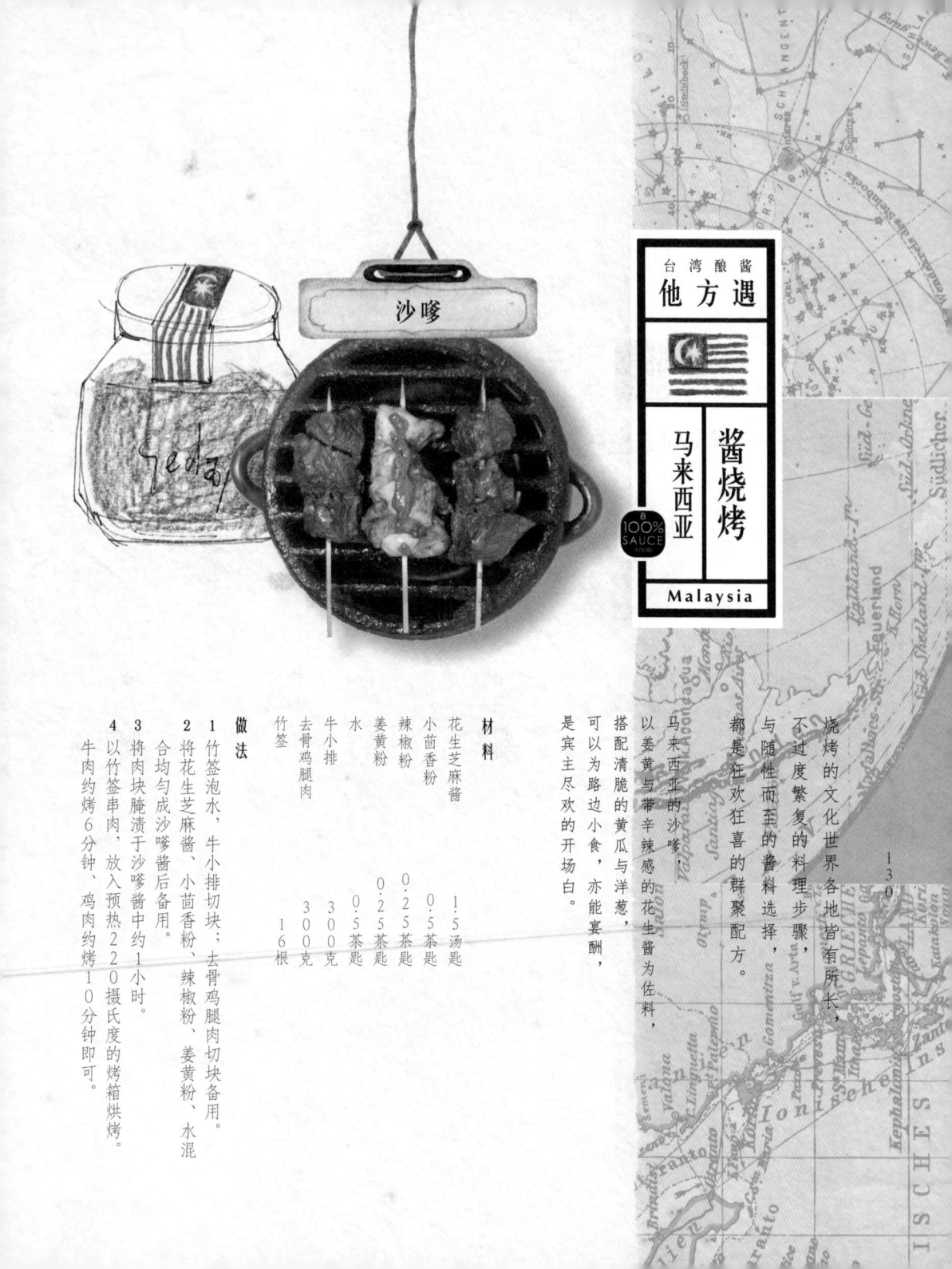

春卷

相亲相爱
台湾酿酱

100% SAUCE

润饼皮

以面粉与水掺和的湿面团，
在热平底锅上旋拽出一张张，
薄如蝉翼的饼皮。
在忙着祭祖的清明时节，
心情萧条、落雨纷纷，什么都冷，
只有润饼皮店的生意堪称热门。

海苔

生长在海里石头暗礁间的藻类，
沿海居民采收集结后晒制成干，
其薄如纸，
却厚含丰富的碘含量，
可帮助人体营养均衡。

材料

花生芝麻酱	2茶匙
润饼皮	4张
苜蓿芽	150克
苹果	1个
海苔片	2片

做法

1 将苹果切长条，海苔片2片对切备用。
2 以润饼皮为底加上海苔，涂抹花生芝麻酱。
3 在酱上铺苜蓿芽和苹果条后，紧紧卷起即可。

一样米要饲百样人

100%
本产种作

100% SAUCE -FOOD-

芋头番薯

Yam And Taro

很台湾

台湾精神是什么？
一言难尽，那就找个比喻、象征吧
台湾人于是找到了番薯
不只形状像台湾
它是匮乏年代里的生命粮
它耐候、韧命、生养众多……
还有芋头，跟地瓜齐名
生活在台湾
于是充满了芋仔番薯情结
如果有人问你是芋仔或番薯
这可不是口味的好恶
而是关于你的身世

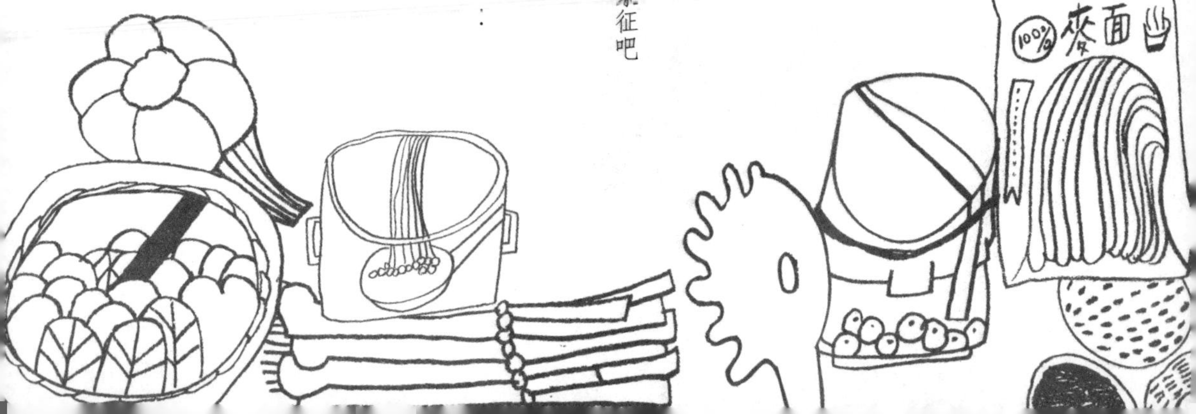

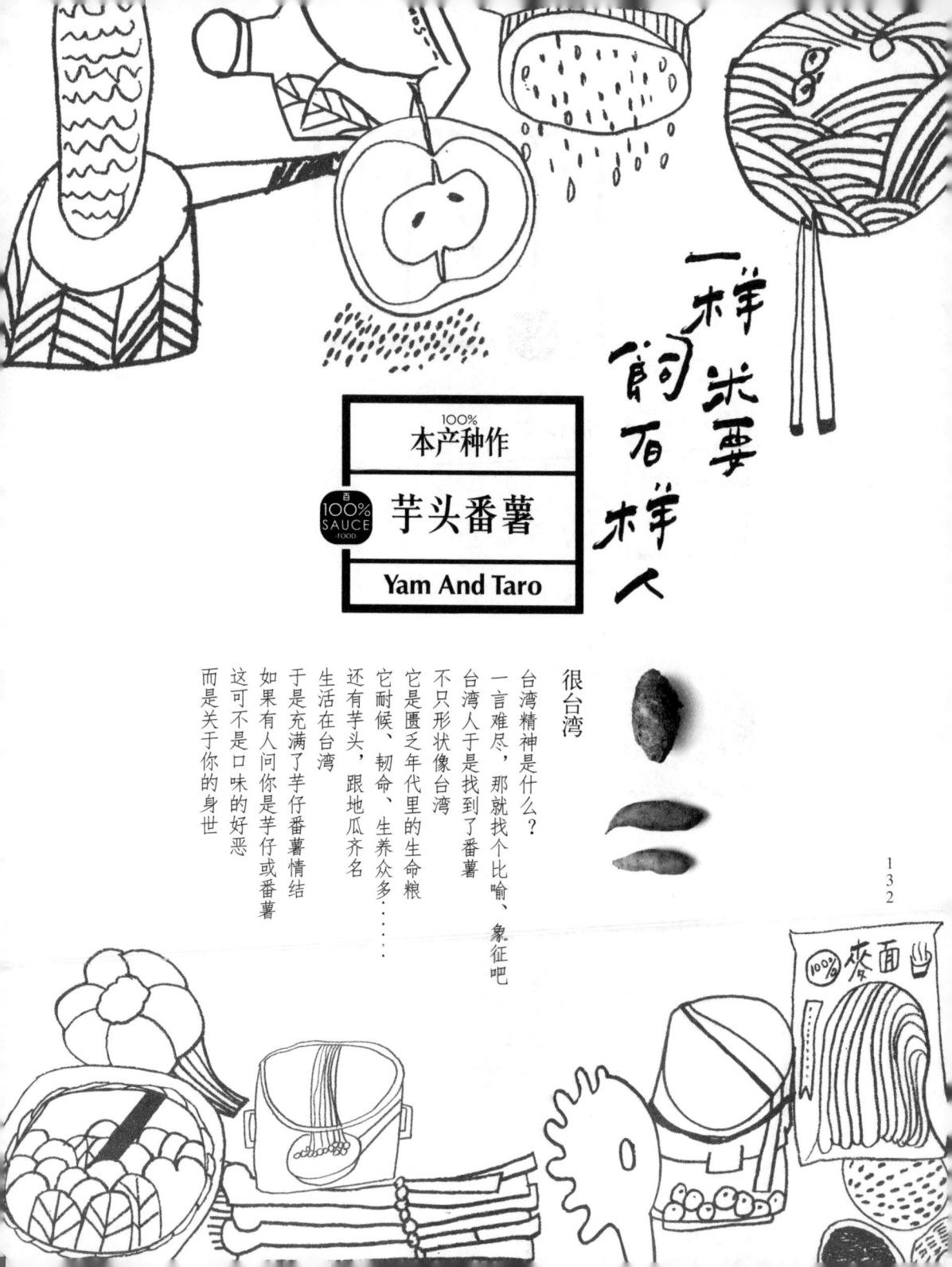

材料

地瓜 300克
水 2000毫升
冰糖 200克
麦芽糖 200克
橙皮 1个
肉桂 1个
小豆蔻 5粒

做法

1 小豆蔻剥开外膜取子备用。

2 取一汤锅将水、冰糖、麦芽糖、橙子皮、肉桂、小豆蔻放入，待冰糖与麦芽糖融化后转小火静置放凉。

3 小火煮滚后，放入地瓜再次煮滚，转小火续滚约10分钟熄火。

Taiwan
pure=sauce

身世族谱

黏滴滴的庙口记忆
[地瓜麦芽酱]

风土食物
SEED

地瓜麦芽酱

熬姜汤、甜点馅
香甘甜润的糖饴

—美味区间—

未开封冷藏 30 天

素甘

对应节气：小寒

1 地瓜

爱吃地瓜，红皮红肉种煮稀饭，黄皮黄肉种可烘烤，紫心地瓜则富嚼劲与弹性可做内馅。

2 冰糖

分为原色冰糖与白冰糖两种，由砂糖高温提炼而成。因不易干扰食材原味特性，常用作西点甜品。

3 麦芽糖

色泽金黄、黏稠软滑，一种胶状的糖饴。公认比蔗糖健康的甜，相当受欢迎的传统甜食。

橙皮 4

成熟的茂谷柑，果皮经过日光晒制后，越陈越香，辛苦温润。

肉桂 5

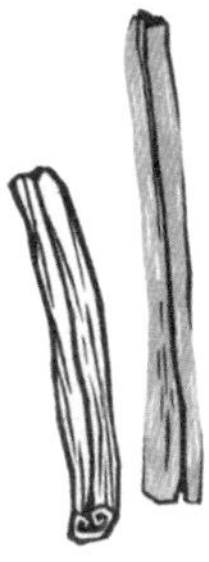

带着甜辣香味的干树皮，煮肉有它，连卡布奇诺也要它。

小豆蔻 6

可入药、烘焙、料理及调饮，应用相当广泛的香料种子，略有辣味及樟香。

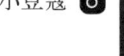

立春

白鲳鱼/鲳鱼豆皮寿司

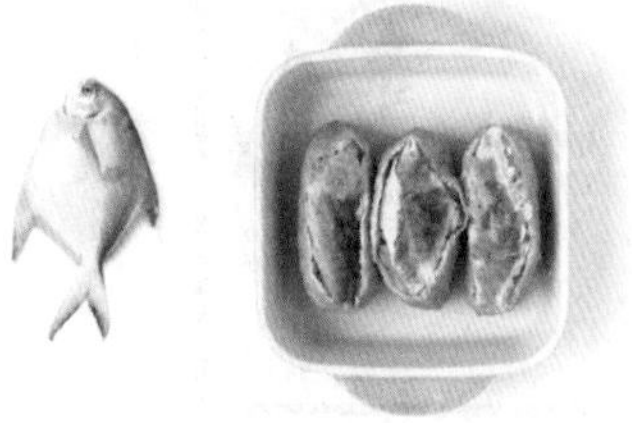

材料　20分上桌

地瓜麦芽酱	6汤匙	鲳鱼	1只（350克）
白饭	2碗	苦茶油	1.5汤匙
醋	60毫升	盐	适量
寿司豆皮	12张		

做法

1 将地瓜麦芽酱中的地瓜切小块备用。

2 鲳鱼均匀抹盐起油锅煎后放凉取鱼肉备用。

3 将地瓜麦芽酱、白饭与醋混合均匀成内馅备用。

4 取适量内馅填入寿司豆皮内，再把鱼肉铺在最上面即可。

夏至

麻笋/麻笋红豆汤圆冰

材料　10分上桌

地瓜麦芽酱	4汤匙	糖	1汤匙
麻笋粉	1茶匙	碎冰	5杯
汤圆	200克		

做法

1 将汤圆煮熟冰镇沥干备用。

2 将糖用温水溶开成糖水，再把麻笋粉加入拌匀成麻笋糖浆备用。

3 碎冰当底，上方放射状地铺上地瓜麦芽酱、汤圆和淋上麻笋糖浆。

寒露

苹果/苹果优格

材料 180秒上桌

地瓜麦芽酱　2汤匙
苹果　1果
优格　500克

做法

1 先将地瓜麦芽酱里的地瓜切丁与酱备用。
2 将苹果去皮切丁。
3 在优格里加上苹果丁和地瓜麦芽丁即可。

冬至

老姜/地瓜暖姜汤

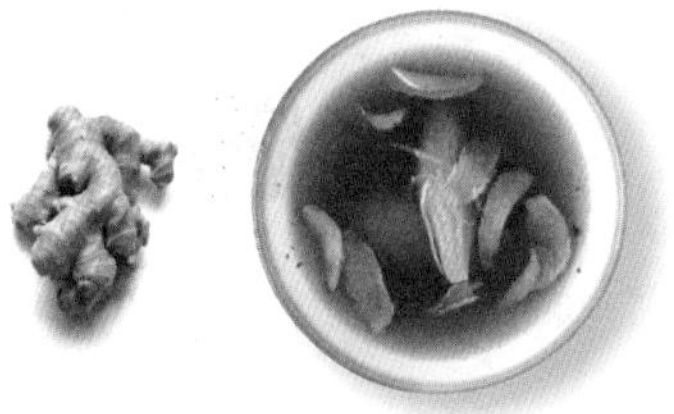

材料 30分上桌

地瓜麦芽酱　5汤匙
老姜　50克
水　600毫升

做法

1 先将老姜切薄片备用。
2 干锅干煎老姜薄片至干香。
3 将水煮开加入酱和姜片煮开，再续煮10分钟即可。

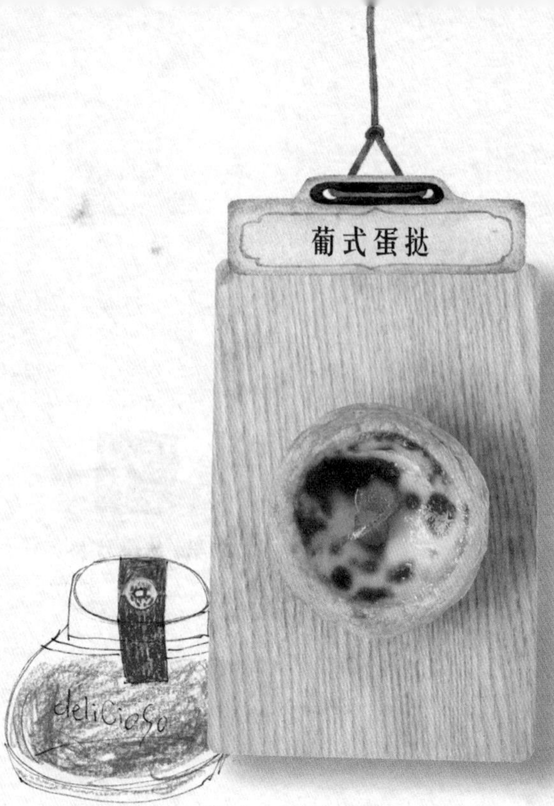

里斯本修女的惜物实验，创造出一道道诱口的蛋黄食谱，随着修道院关闭而流传民间，随着航海殖民而来到澳门，被澳门人改良的葡式蛋挞，发扬光大后也兴起一次美食『殖民』，在20世纪90年代的台湾大街小巷峥嵘。

小巧的奶油酥馅饼，有着微焦金黄的表皮，至今仍是连锁快餐店的热门甜点。

材料

地瓜麦芽酱 1汤匙
蛋挞皮 4个
蛋 1个
鲜奶 40毫升
鲜奶油 40毫升

做法

1 将地瓜麦芽酱里的地瓜切小块与酱备用。
2 蛋打散成蛋液备用。
3 将鲜奶和鲜奶油加热拌匀至微温，慢慢加入蛋液混合均匀成蛋奶液过筛。
4 蛋奶液再拌入地瓜麦芽酱成内馅，尽量不要产生气泡。
5 将内馅均匀填入蛋挞皮内，置于已预热200摄氏度的烤箱烤15分钟至表面有焦色即可。

烤地瓜棉花糖

100% SAUCE

相亲相爱

台湾酿酱

材料

地瓜麦芽酱	6汤匙
蛋	1个
综合坚果	4汤匙
棉花糖	10块
盐	适量
朗姆酒	1汤匙

做法

1 棉花糖对切备用。
2 将地瓜麦芽酱压成泥，拌入蛋和盐搅拌均匀成内馅。
3 将内馅填于容器上，再铺上坚果，最后再铺满棉花糖。
4 放入已预热200摄氏度的烤箱，烤到棉花糖上色即可。

棉花糖

古埃及皇室与祭祀神明之礼
由生长在野地的葵类植物所制
流传千年至今
蓬松柔软依旧
是孩提作伴的零食

朗姆酒

源自古老西印度群岛
海上水手海盗酿制之酒
以甘蔗糖蜜为原料
经澄清、发酵、蒸馏、入橡木桶陈酿而成
琥珀橙色
远播千里

靠山吃山 靠海讨海

100%
本产种作
葱蒜韭
Allium and Garlic

料理之始

纵使晚近西风东渐
迷迭香、薰衣草……附加许多浪漫幸福味
但我们厨房里的葱蒜韭一直都在
从童年到成年，从古早到现代
像布袋戏必演的『扮仙』一般
是我们任何料理的揭幕仪式
热锅油、爆出香气
是百变料理中的不变
葱蒜韭
从来不是主菜
却也从没少过它

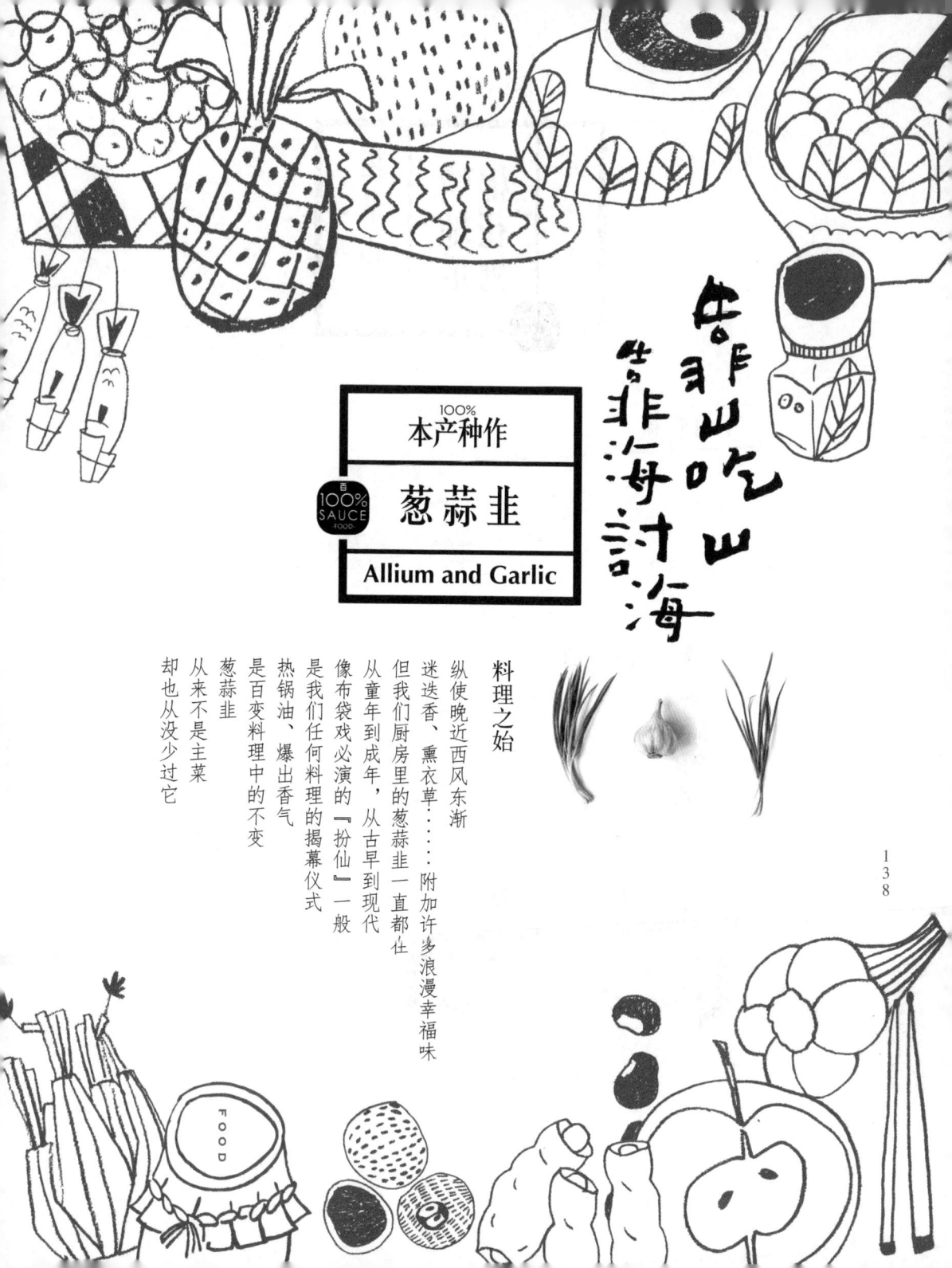

葱蒜豆酥酱

炒生鲜，做咸派
快快炒热热吃

材料

姜	40克
蒜	40克
蒜苗	40克
豆酥	80克
鹅油	120毫升
豆瓣酱	0.5茶匙
葱白	40克
韭菜	20克

做法

1 将葱姜蒜与韭菜切末备用。

2 从冷油开始，取20毫升的鹅油将豆酥煸酥备用。

3 取剩余鹅油，将姜末、蒜末、蒜苗、葱白末依序煸香后加入豆瓣酱，再拌入韭菜末。

4 最后将做法2的材料一起炒香即可。

Taiwan pure=sauce

身世族谱

熟成的生辛
[葱蒜豆酥酱]

1 葱姜蒜

台湾料理之始，葱姜蒜，从生辣到焦香，程度不同，味道百变。

2 豆酥

榨豆浆后的豆渣经油炸、调和辛香料而成豆酥，有素荤两种形式。荤者多添蒜，做豆酥鳕鱼；素者多入香椿或姜，而另名素松。

3 鹅油

风味醇厚、口感细致的鹅油，不饱和脂肪酸含量高，为动物油脂之最。

4 韭菜

葱姜蒜，台味三杰之外，还有一个韭菜，也当香料也当菜。

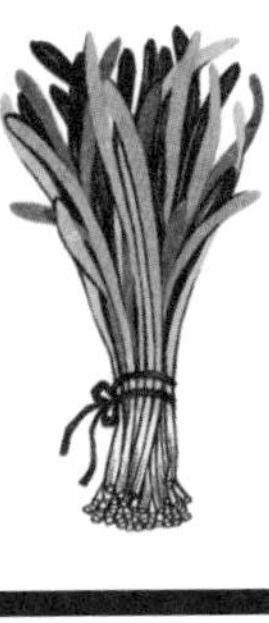

—美味区间—

荤

未开封冷藏 30 天

对应节气：立春

葱蒜豆酥酱与节气物产相遇

驚蟄

过猫/酱拌过猫

180秒上桌

材料

葱蒜豆酥酱 2汤匙
过猫 1把
苦茶油 1汤匙

做法

1 将过猫择好洗净备用。
2 起一油锅，炒熟过猫后，拌入葱蒜豆酥酱即可。

夏至

蛤蜊/酥炒蛤蜊

20分上桌

材料

葱蒜豆酥酱	2汤匙	苦茶油	1.5汤匙
蛤蜊	500克	米酒	2汤匙
辣椒	2根		

做法

1 将辣椒切片备用。
2 起一油锅，以辣椒爆香后拌入蛤蜊略炒。
3 盖上锅盖，加入米酒焖煮。
4 等蛤蜊都开后再拌入葱蒜豆酥酱即可。

秋分

蟹/避风塘炒蟹

30分上桌

材料

葱蒜豆酥酱	4汤匙	苦茶油	2杯
螃蟹	4只	面粉	适量
九层塔	适量	盐	适量

做法

1 将苦茶油倒入锅中，将螃蟹切小块沾面粉油炸至金黄色后，捞起备用。

2 同锅留1汤匙的油，炒香葱蒜豆酥酱，再拌入螃蟹。

3 起锅前以盐调味，再拌入九层塔即可。

大雪

海吴郭/豆酥煎鱼

15分上桌

材料

葱蒜豆酥酱	2汤匙	苦茶油	1汤匙
海吴郭鱼片	1片	盐	适量
米酒	2汤匙		

做法

1 在海吴郭鱼片上均匀抹盐，置于盘上加酒备用。

2 准备一蒸笼加水煮滚，将备用的海吴郭鱼片置入，盖上盖子以大火蒸5分钟后备用。

3 起一油锅，炒香葱蒜豆酥酱后，淋于蒸好的海吴郭鱼片上即可。

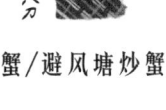

属于妈妈的料理，每个法国家庭，都有着代表自家个性的派皮食谱，朴实随兴的馅料，传统乡村的饮食文化，在街巷咖啡厅、熟食店延展开来，热食冷吃甚好。

野菇咸派

材料

葱蒜豆酥酱	2汤匙	牛奶	50毫升
洋菇	60克	帕玛森起司	20克
香菇	60克	奶油	20克
袖珍菇	60克	咸派皮	2个
洋葱	0.5个	盐	适量
蛋	2个		

做法

1 在咸派皮的底部用叉子叉一些孔洞备用。
2 将烤箱预热180摄氏度，将派皮烤10～15分钟上色后放凉备用。
3 将洋菇、香菇、袖珍菇切片；洋葱切丝备用。
4 将蛋、牛奶、帕玛森起司混合均匀备用。
5 以奶油起油锅，将洋葱炒软后再加入做法3材料炒透。
6 拌入葱蒜豆酥酱和做法4、5材料，以盐调味拌匀成咸派内馅。
7 将内馅填入派皮内，放入已预热200摄氏度烤箱，烤至表面上色即可。

相亲相爱

台湾酿酱

韭菜盒子

100% SAUCE

材料

葱蒜豆酥酱	2汤匙
韭菜	100克
冬粉	2把
水饺皮	20片
苦茶油	2汤匙
盐	适量

做法

1 韭菜洗净切小段备用。

2 冬粉泡水15分钟后切段备用。

3 将葱蒜酥油酱和做法1～2材料混合均匀，再以盐调味制成内馅。

4 将内馅以水饺皮包裹成一面鼓起的小韭菜盒状。

5 起一油锅，将韭菜盒油煎至两面金黄即可。

水饺皮

用来包裹住馅料的水饺皮，
因着烹饪方式而有了别名，
以油水略煎称为煎饺，
以蒸气炊熟称为蒸饺，
以沸水煮滚则为水饺，
无论哪一种，
都是餐桌上寓意吉祥的即食元宝。

冬粉

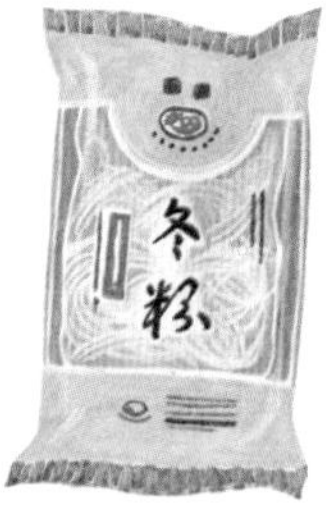

主要由绿豆淀粉制成，
面体通透Q弹，
中国大陆多称粉丝，
台湾叫冬粉。
冬粉晶透口感，
容易吸收汤汁入味，
可长可短可碎，
成就许多经典料理。

靠山吃山 靠海讨海

100%
本产种作

老姜

Old Ginger

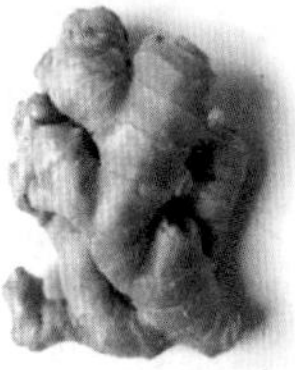

土地上的滚石

我们一直有套潜规矩、隐哲学
要深藏不露锋芒
要君君臣臣父父子子
要尊姜是老的辣
从小到大到老
老姜都一直长驻饮食间、生活中、思想里
暖身心、驱风寒、补身气
姜要成姜，很耗地力的，不能连作
一块田地上不会连年生姜
滚石不生苔
一种台湾岛上移动的作物

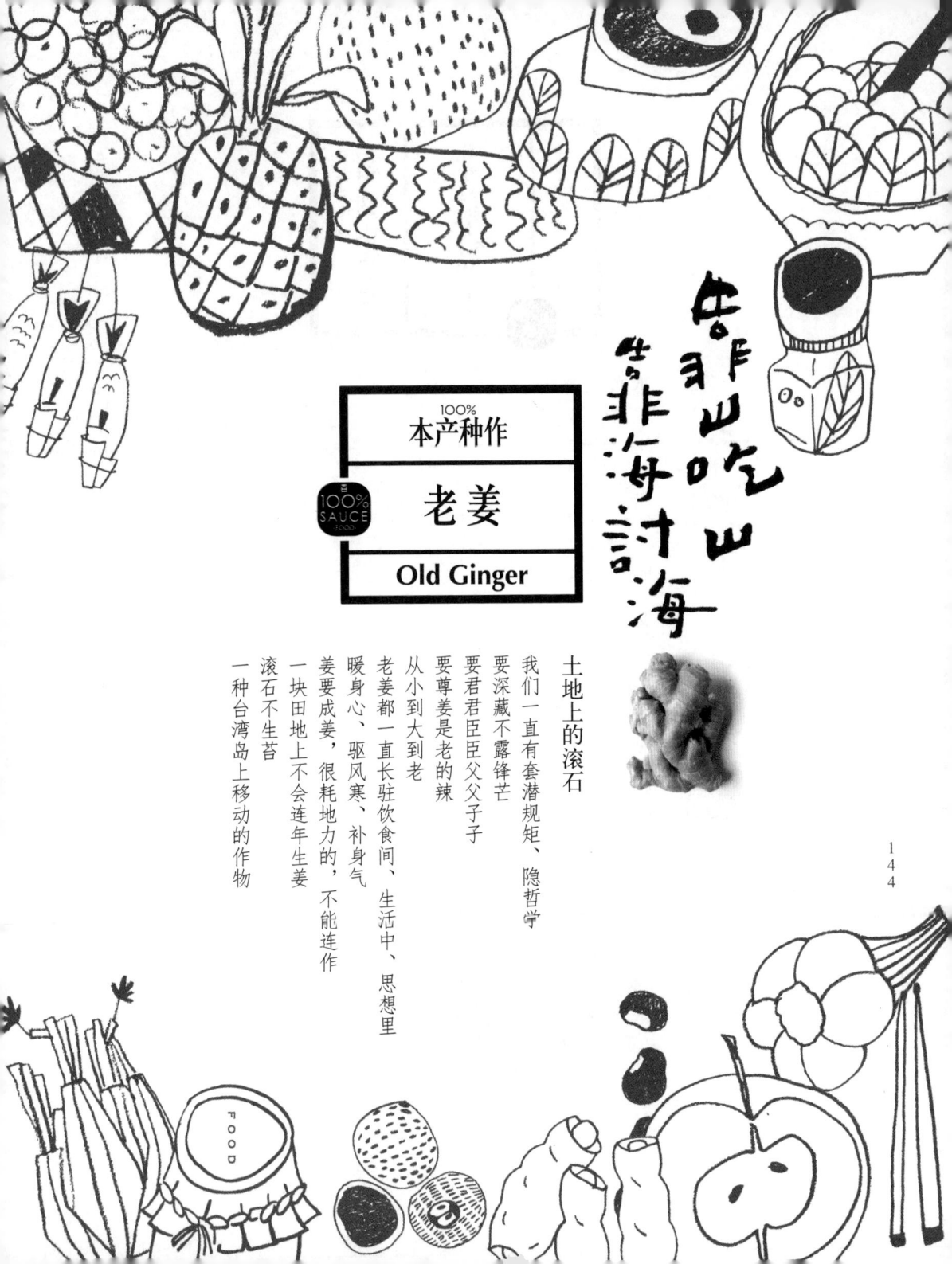

材料

酱冬瓜 1500克
甘草 10克
姜 60克
破布子 200克
清酱油 250克

做法

1 将姜切片备用。
2 将甘草、姜片、破布子、清酱油煮成腌料汁。
3 再放入酱冬瓜煮开放凉备用。
4 将已干燥的玻璃罐放入做法3材料并注满，最后将盖子盖紧放置阴凉处即可。

Taiwan pure=sauce

身世族谱

滋味悠长的深琥珀［老姜树子冬瓜酱］

风土食物 SEED

老姜树子冬瓜酱

熬鸡汤、凉拌菜
即食料理皆宜的绵美

—美味区间—

未开封冷藏 30 天

素甜

对应节气：夏至

1 荫瓜

先脱水后暴晒，浸渍酱油、甘草、冰糖成软烂。食粥佐菜抑或炖煮鸡汤，都是家常菜熟稔的滋味。

2 冬瓜

个头称冠的冬瓜，甘而性寒、清胃降火，可炒食、可制酱，亦有加工为冬瓜茶或冬瓜糖。

3 破布子

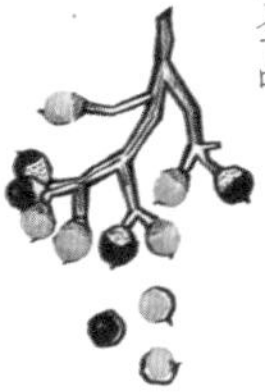

台湾的破布子，收成期约与芒果不约而同，是台湾传统酱菜不能缺的素材，也是调味清粥里的小菜，万用圣品。

老姜 4

老姜，多年生的姜，在枝叶都枯黄之后，地底下的老姜母正肥厚，水分收干、纤维多、辛辣强。

甘草 5

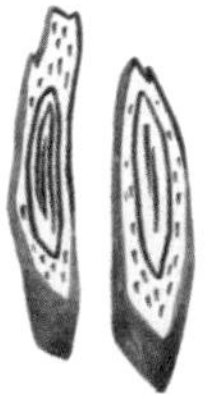

要汤汁里有甘甜，一段甘蔗，或几片甘草，如此天然。

酱油 6

酱油学问大，首要不调色、不调味。

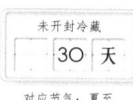

台湾酿酱

物产遇

风土食物

Taiwan pure=sauce

老姜树子冬瓜酱与节气物产相遇

立春

高丽菜/烧高丽菜

材料

高丽菜 1棵

水 600毫升

苦茶油 2汤匙

老姜树子冬瓜酱 2汤匙

做法

1 起一油锅，将高丽菜煎上色后备用。

2 加入老姜树子冬瓜酱后注入水，煮滚后小火继续煮30分钟即可。

谷雨

麻竹笋/麻竹笋汤

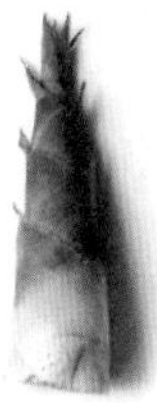

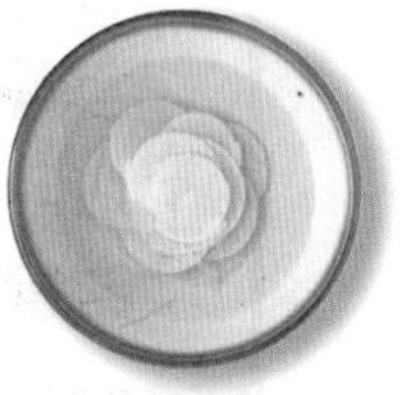

材料 15分上桌

麻竹笋 1根

水 2000毫升

老姜树子冬瓜酱 2汤匙

做法

1 麻竹笋切薄片备用。

2 取一汤锅，注入水及麻竹笋，煮滚后加入老姜树子冬瓜酱，煮至酱味释出即可。

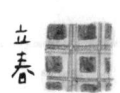

秋分

水梨/凉拌水梨

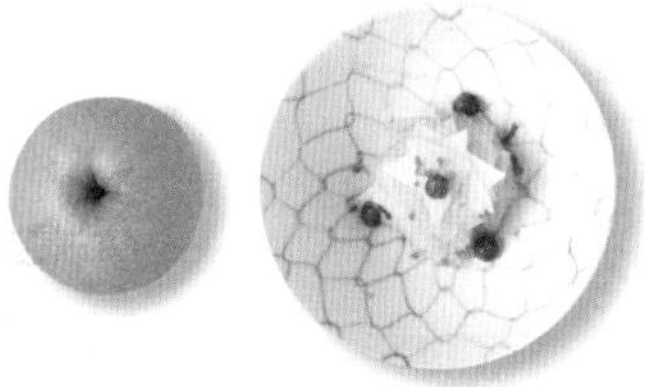

材料 180秒上桌

水梨	1个
芫荽	适量
老姜树子冬瓜酱	2汤匙

做法

1 水梨切薄片；芫荽切碎末备用。

2 将梨片拌入老姜树子冬瓜酱及芫荽末即可。

大雪

乌鱼/酱烧乌鱼

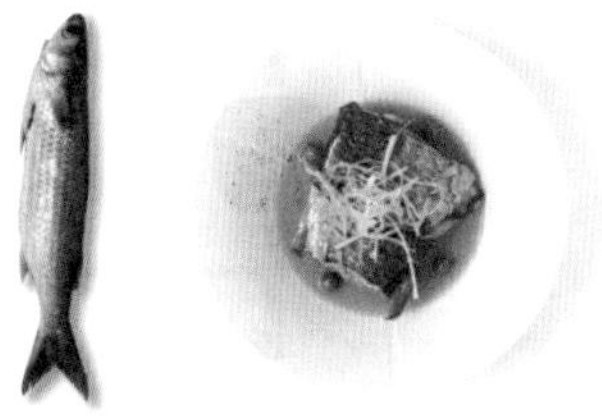

材料 30分上桌

乌鱼	1只	水	300毫升
蒜苗	2根	苦茶油	2汤匙
米酒	2汤匙	老姜树子冬瓜酱	2汤匙
乌醋	1汤匙		

做法

1 乌鱼轮切成块；蒜苗切小段备用。

2 起一油锅，将乌鱼煎上色，放上蒜白煸香后加入米酒、老姜树子冬瓜酱及乌醋，随即注入水煮。

3 煮滚后转小火烧至水分收干1/3，即可加入蒜绿后起锅。

以盾御敌的征战时代，
蒙古人在克难中，
以盾为锅具煮食，
历经演进成了铜盘烤肉。

铜盘隆起丘炭烤鲜肉，
肉汁溢流到了铜盘凹处，
成为烹煮蔬菜的汤底，
丝毫不浪费，
在历史中传承结晶的智慧。

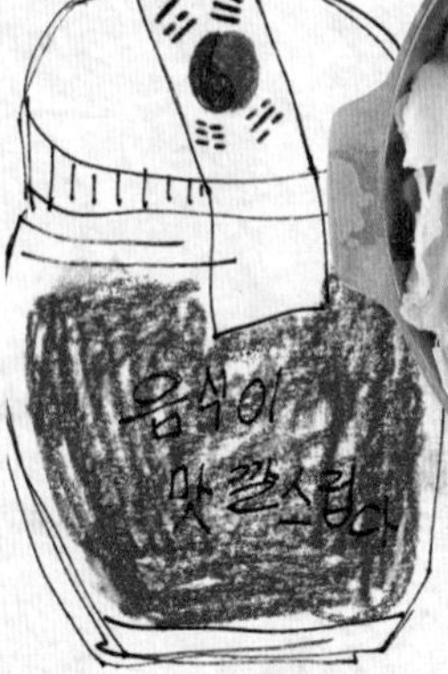

铜盘烤肉

材料

猪五花肉片	400克
高丽菜	600克
盐	适量
老姜树子冬瓜酱	3汤匙

做法

1 将高丽菜撕小片备用。

2 将猪五花肉片和老姜树子冬瓜酱混合均匀，静置20分钟备用。

3 煮一锅热水，加入铜盘锅边的沟槽，再加入余下腌肉的汤汁，再以盐调味，并加入高丽菜叶。

4 铜盘锅顶则铺上肉片烤熟即可。

相亲相爱

台湾酿酱

鲜虾冬粉煲

100% SAUCE

材料

冬粉	3把
鲜虾	4只
九层塔	适量
水	300毫升
苦茶油	1汤匙
白胡椒粉	适量
老姜树子冬瓜酱	2汤匙

做法

1 先将冬粉泡水，沥干水分备用。

2 起一油锅先将鲜虾煎上色，盛起备用，在原锅中加入老姜树子冬瓜酱后，注入水煮滚后小火继续焖烧10分钟。

3 煮出酱味后加入冬粉及鲜虾，煮滚后放入九层塔及白胡椒粉即可起锅。

冬粉

不同的地域国家，
都有不同的面食文化，
意大利面、乌龙面、拉面……
强势的全球攻城略地，
我们的面条相对低调内敛，
我们的油面、阳春面、意面、冬粉、米粉，
一切都在演化消长过程中。

靠山吃山 靠海討海

100%

本产种作

青草

Herb

俯拾皆是的茶饮

植物与人们长期互动下
有些被驯化为蔬果
有的被归为药材
也有一支跑到园艺景观去
没被看上的一大群任其野生丁
而长久累积的常民智能里
我们在药材与野草间
又清晰地分出一支『青草』
它不像药那般需要对症
青草于是被当成日常茶饮
总是清凉降火、顾肝养身……
青草遍生于乡野，唾手可采
青草店散错巷弄间
陪人们一天过一天

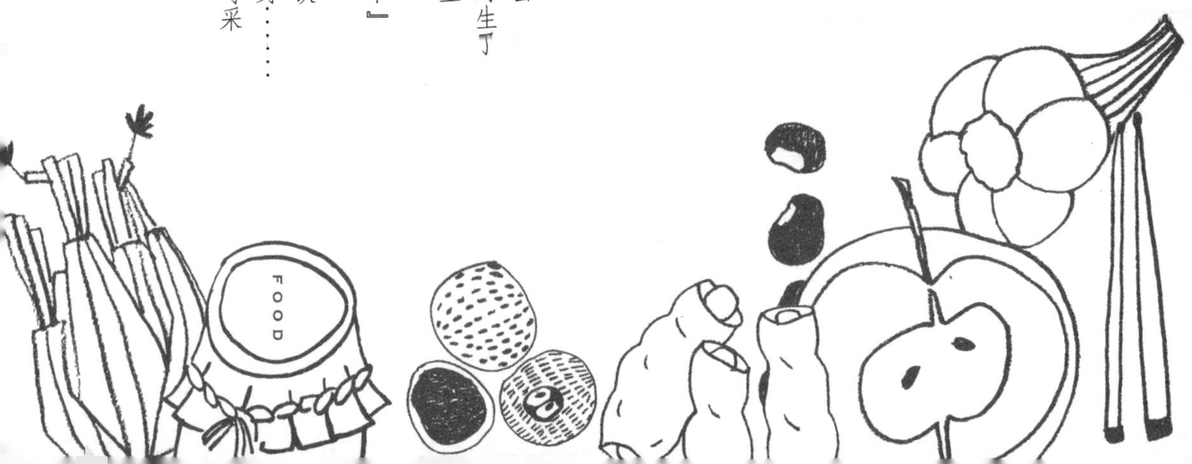

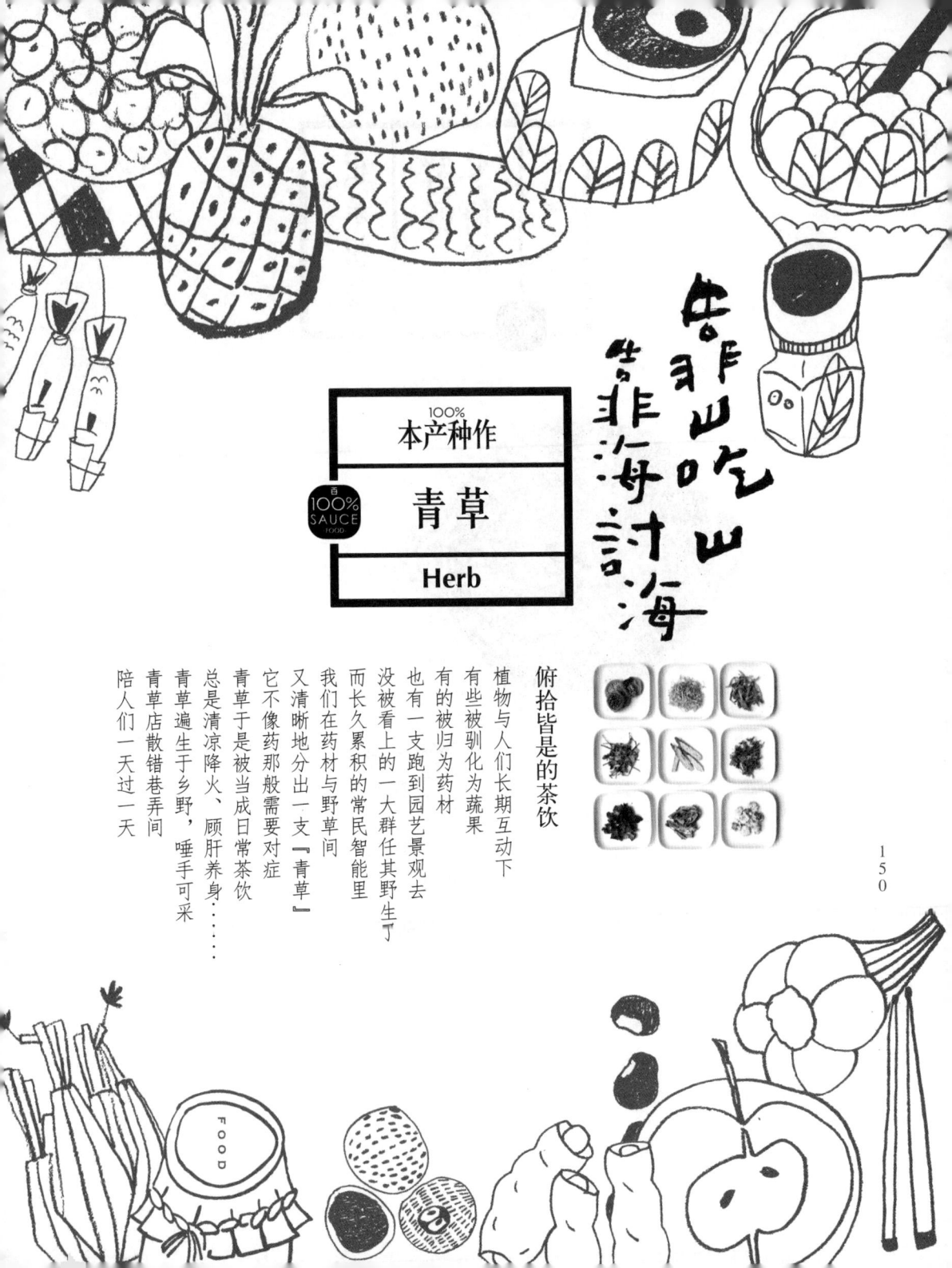

材料

萝卜干 50克
辣椒 15克
酱油 1.5汤匙
豆豉 0.5茶匙
糖 适量
香椿酱 80克
干燥到手香 5克
苦茶油 100毫升

做法

1 将干燥到手香泡在苦茶油里两星期后，取1.5汤匙备用。
2 萝卜干切小丁，辣椒切圈圈备用。
3 以到手香油起油锅，炒香后加入辣椒炒出香气，再加入豆豉和酱油炝出酱香，最后以糖调味，放凉备用。
4 加入香椿酱拌匀即可。

Taiwan
pure=sauce

身世族谱

素朴一生的馨香
［香椿菜脯辣椒酱］

香椿菜脯辣椒酱

炊碗粿、拌炒饭
茹素者的慧心

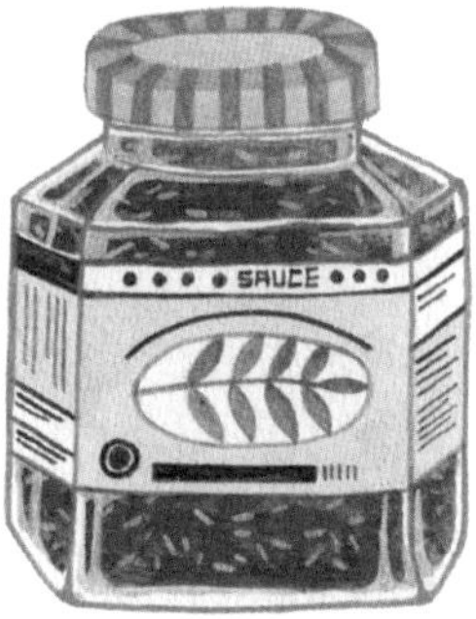

—美味区间—

未开封冷藏
30 天

素 悴

对应节气：谷雨

❶ 香椿

叶有特殊香气，通常取嫩叶作沙拉凉拌，或干燥后制成粉末，供作素食调味品。树根、树皮可入药，抗氧化效果为蔬菜界第一。

❷ 萝卜干

菜头盐腌晒成了菜脯，菜脯还始算年纪，一年、二年、三年……五年、十年……每个年龄都各有其滋味。

辣椒 ❸

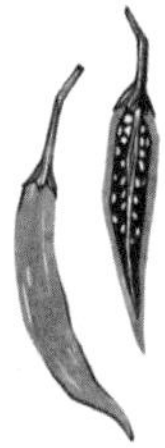

十字花科的萝卜，不论从生鲜到老成，辛味陈成了风味，辣要靠辣椒来佐来提。

豆豉 ❹

萝卜独立成一道小菜，必搭配的两个伙伴，就是豆豉与辣椒。

到手香 ❺

家户普遍种盆到手香，一来好种、二来好用。

香椿菜脯辣椒酱 与 节气物产相遇

台湾酿酱
物产遇
风土食物
SEED
Taiwan
pure=sauce

野莲/酱炒野莲

材料 5分上桌

野莲 140克
苦茶油 1汤匙
香椿菜脯辣椒酱 1汤匙

做法

1 野莲切成小段备用。

2 起一油锅，将野莲炒至七分熟，最后拌入香椿菜脯辣椒酱即可。

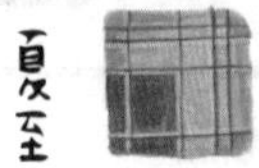

冬瓜/清煮冬瓜

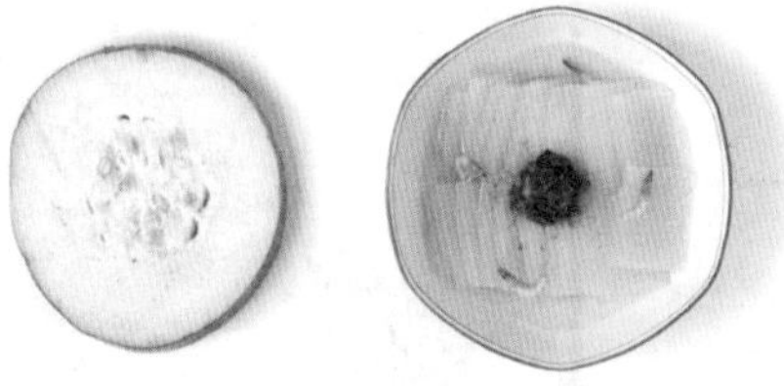

材料 10分上桌

冬瓜 300克
高汤 2汤匙
盐 适量
香椿菜脯辣椒酱 2汤匙

做法

1 将冬瓜削皮切片后，置于盘中，加入高汤，以电锅外锅1杯水蒸熟。

2 起锅后，在蒸好的冬瓜上以盐调味，最后铺上香椿菜脯辣椒酱即可。

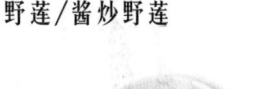

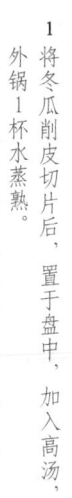

处暑

小卷/红烧小卷

15分上桌

材料

小卷	250克
苦茶油	1.5汤匙
白酒	2汤匙
香椿菜脯辣椒酱	2汤匙

做法

1 起一油锅，将小卷炒熟，过程需加白酒，起锅前再拌入香椿菜脯辣椒酱即可。

大寒

彩椒/彩椒镶饭

20分上桌

材料

白饭	1碗
彩椒	16个
香椿菜脯辣椒酱	3汤匙

做法

1 将白饭和香椿菜脯辣椒酱混合成内馅备用。

2 彩椒从蒂头横切成盖，去除瓤子。

3 将内馅填入彩椒体内压实，盖上椒盖，放入预热的烤箱200摄氏度，烘烤15分钟即可。

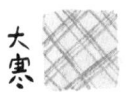

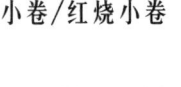

海鲜煎饼

用家中既有蔬菜、鸡蛋与面粉做的点心菜，是韩国妈妈对小孩的体贴心意，到了海岸，升华成慎重的款待，加入大把大把的海鲜辅以辛辣酱汁。

让薄薄一层饼，挟着临海的潮骚，挟着物产的丰饶与热情，挟着我们对美味的期待。

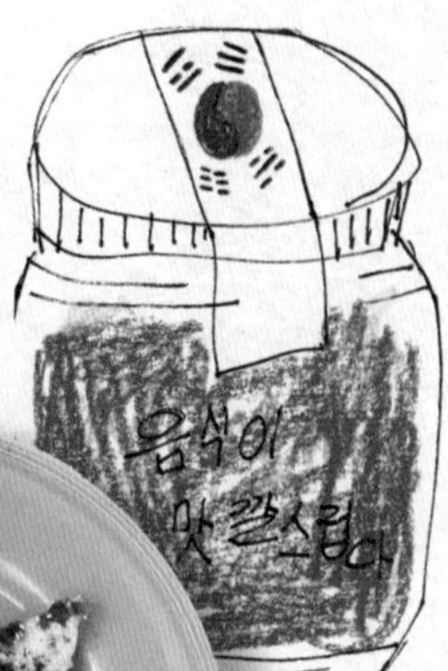

材料

虾仁	70克
花枝	70克
蟹肉	70克
白芝麻	1汤匙
苦茶油	1.5汤匙
低筋面粉	100克
水	140毫升
蛋	1个
香油	1茶匙
盐	适量
香椿菜脯辣椒	2汤匙

做法

1 将低筋面粉、水、蛋、香油、盐拌匀成面糊备用。

2 将虾仁、花枝、蟹肉加入面糊拌匀成煎饼面糊。

3 起一油锅，将煎饼面糊煎至金黄，翻面时再加入香椿菜脯辣椒酱和白芝麻。

4 另一面也煎成金黄即可。

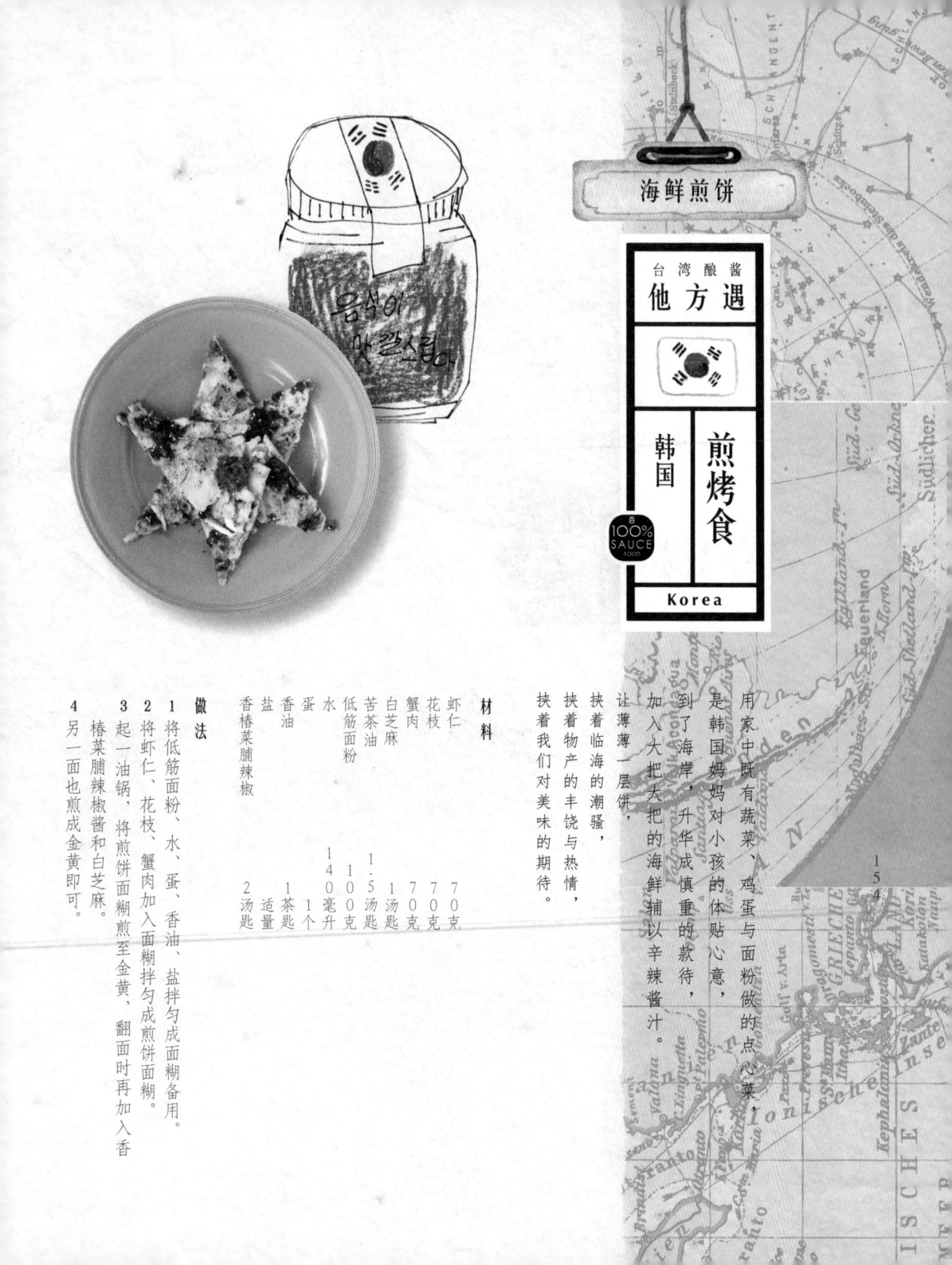

相亲相爱

台湾酿酱

酱油豆腐

100% SAUCE

百 100% SAUCE -FOOD-

清酱油

台湾黑豆纯酿油，
清末至今传承五代的百年老缸，
在南台湾日头暴晒下，
静候180天，
自然发酵。

清澄琥珀，
是总铺师信手佐料之液，
无染本色。

材料

豆腐 200克
清酱油 1汤匙
香椿菜脯辣椒酱 1.5汤匙

做法

1 将豆腐加上香椿菜脯辣椒酱，淋上清酱油即可。

嫩豆腐

世上三苦：打铁、撑船、磨豆腐。
艰辛职作，
从深夜开始浸泡黄豆、磨成浆，
煮沸、点浆制成腐，
一切都得在清晨前完成。

质地雪白细嫩，
常民真味，
巧都在燃萁煮豆中。

靠山吃山 靠海讨海

100%
本产种作

药膳

Medicinal Foods

食之滋补

在东方人的眼里
我们身体里行走着一股看不见的气
还不时升起一股无名火
食物有了温度，还分寒凉温热
所以在饮食间
总要依着气血所行
搭配喂养着身子
以药入膳，已千百年如一日了
久来
是药还是膳
早已难分难解了

材料

参须 10克
当归 30克
黄芪 30克
川芎 10克
枸杞 10克
米酒 1瓶

做法

1 将参须、当归、黄芪、川芎、枸杞装填在米酒罐里泡渍即可。

1 人参须

身为补药之王的人参，其根须亦能入药，由于燥热不比参体，故被大众广为用于食补，价格上也较亲民。

2 黄芪

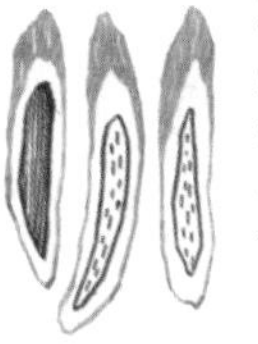

是一种豆科植物的干燥根，是补药中的长老。人说当归补血、黄芪补气，当归青(生)芪早就像结拜兄弟。

3 枸杞

枸杞其实全株是宝，叶可入菜、子可泡茶、根茎入药，我们最常用枸杞子，入菜也泡茶。

Taiwan
pure=sauce

身世族谱

千年传承的食方
[人参枸杞料酒]

风土食物 SEED

人参枸杞料酒

炖药膳、烧酒料
提振能量的补药之王

—美味区间—

未开封冷藏 30 天

对应节气：冬至

素醬

川芎 4

川芎也是我们耳熟能详的，老与当归、黄芪一同上榜。川芎上行头目，头痛常用之方剂，药膳汤头也没少过它。

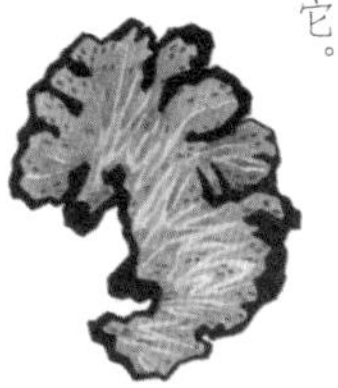

当归 5

台湾民间食补药材，总是少不了这几味，当归补气活血，当归鸭、当归土虱，平民食补之首。

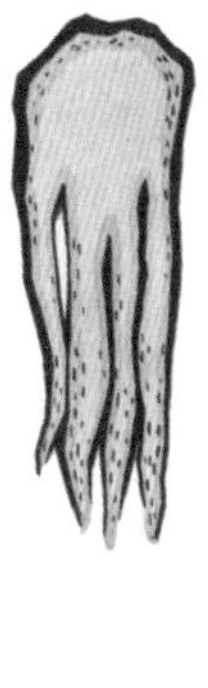

台湾酿酱

物产遇

风土食物

Taiwan pure=sauce

人参枸杞料酒与节气物产相遇

清明

蒜头/蒜头鸡汤

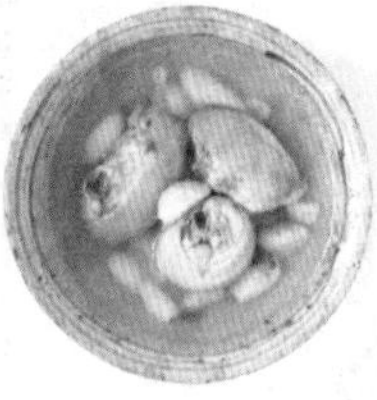

材料 40分上桌

人参枸杞料酒	50毫升
蒜	50克
鸡腿	1只
苦茶油	1.5汤匙
水	1500毫升
盐	适量

做法

1 将鸡腿切块汆烫后备用。

2 起一油锅，将蒜煎上色后，注入水和人参枸杞料酒煮开。

3 煮开后，加入鸡腿肉沸腾后，再煮约25分钟。

4 最后以盐调味即可。

小暑

花生/清炖花生猪脚

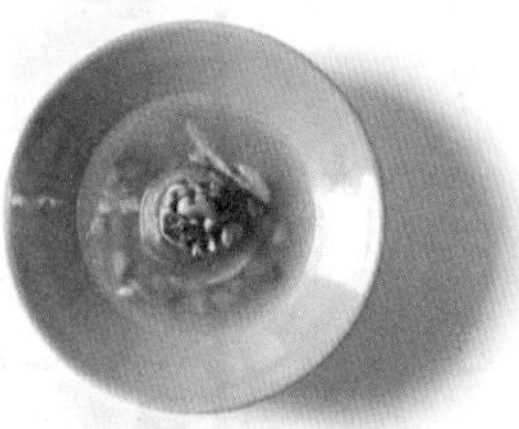

材料 1.5時上桌

人参枸杞料酒	3汤匙
猪脚	1只
花生	300克
姜片	6片
葱	1支
水	1500毫升
盐	适量

做法

1 葱切段；花生以电饭锅煮熟后备用。

2 猪脚汆烫后冰镇，沥干水分后备用。

3 将备用的花生、猪脚与姜片、葱以大火煮滚后，转小火煮1小时。

4 最后再以盐调味即可。

霜降

鲈鱼/鲈鱼炖汤

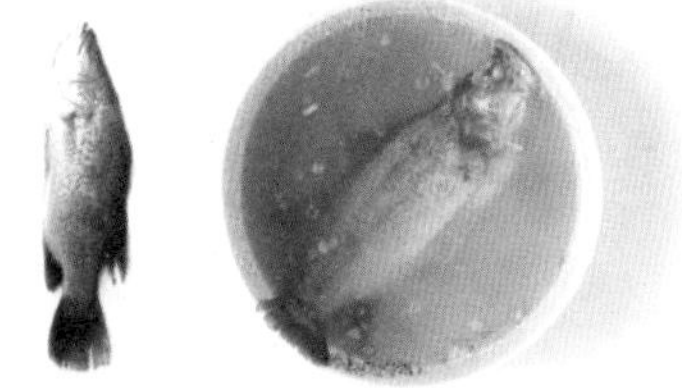

材料 20分上桌

人参枸杞料酒 2汤匙
金目鲈鱼 1尾（约250克）
姜 30克
水 1000毫升

做法

1 将姜切成丝备用。
2 水煮开后，加入姜丝与鲈鱼煮熟。
3 起锅前再加入人参枸杞料酒即可。

冬至

花椰菜/烧酒虾

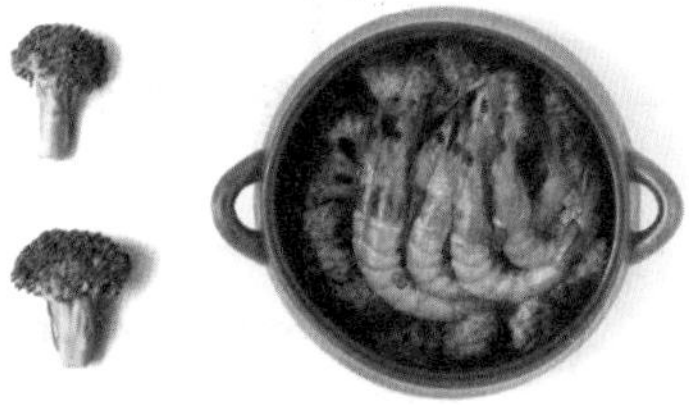

材料 15分上桌

人参枸杞料酒 2汤匙
白虾 300克
青花椰菜 1棵
苦茶油 1.5汤匙
盐 适量

做法

1 将青花椰菜分成小朵洗净，汆烫沥干后备用。
2 白虾修剪触角与脚洗净后备用。
3 起一油锅，将白虾略微拌炒后，加入人参枸杞料酒快炒。
4 起锅前，拌入烫好的青花椰菜，以盐均匀调味即可。

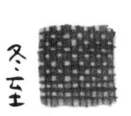

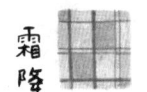

在台湾于冬令进补的人参鸡汤，到了韩国却在完全相反的夏季进食，寒冬进补，祛阴寒而温身体，热夏饮汤，乘暑气发汗而排毒。

料理上，台式参鸡汤多结合各种中药材，韩式参鸡汤则多填塞了糯米于鸡身，两者均同样重汤而轻肉，人参的际遇殊途而同归。

人参鸡汤

材料

人参枸杞料酒 100毫升
母鸡 1只
圆糯米 2杯
红枣 6个
大蒜 6个
盐 适量
水 1500毫升

做法

1 将圆糯米洗净，泡2小时；红枣去子备用。
2 在母鸡的肚子中填入糯米、大蒜与3个红枣，再以牙签封口。
3 放入炖锅注入水、人参枸杞料酒与剩余红枣煮开后，转小火煮约1小时。
4 食用时，再以盐调味即可。

相亲相爱
台湾酿酱

薏仁白木耳炖排骨

100% SAUCE

材料

人参枸杞料酒	2汤匙
白木耳	20克
薏仁	80克
竹笙	4朵
排骨	300克
水	1000毫升

做法

1 白木耳浸泡约30分钟后汆烫备用。
2 薏仁浸泡约4小时后，以电锅煮一次后备用。
3 竹笙泡水约10分钟后汆烫备用。
4 排骨洗净后汆烫备用。
5 将做法2～4材料与人参枸杞料酒与水放于电锅内锅，再放2杯水于电锅外锅煮熟。
6 起锅前，放入白木耳焖煮约5分钟即可。

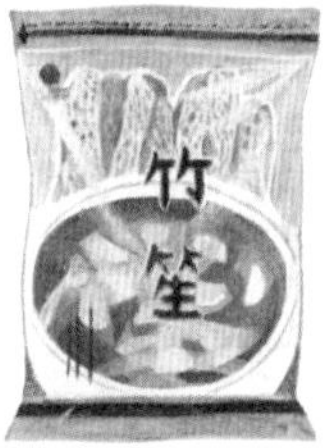

竹笙

自雪白伞柄铺展开来，
细致洁白的网状花格长裙，
被称作真菌之花的竹笙，
披上一袭神秘华美的面纱，
煨汤烩菜，
宛若山林仙子下凡装点。

白木耳

生于朽木之上，
绽放如花，柔软似耳，
学名Jelly Fungi的银耳，
便成了菌类界的果冻，
黏滑有弹性，
冷饮热汤皆可入菜。

靠山吃山 靠海讨海

100%
本产种作

凤梨

Pineapple

热带的味道

我们四周环海，所以是个小海岛
位属亚热带
却因丛山有温带，还有南端的热带
热带不只是气候
还是生活样貌，还有饮食风味
曾经有个年代
我们倚它甚深
深成了生活、深成了磨不灭的印象
艳阳下的凤梨田、一群凤梨人家、饼铺上的凤梨酥……
还有料理凤梨的一门功夫
凤梨炒木耳、凤梨苦瓜鸡
凤梨甜汤、凤梨冰
台湾味觉里的热带风情
是凤梨带来的热情

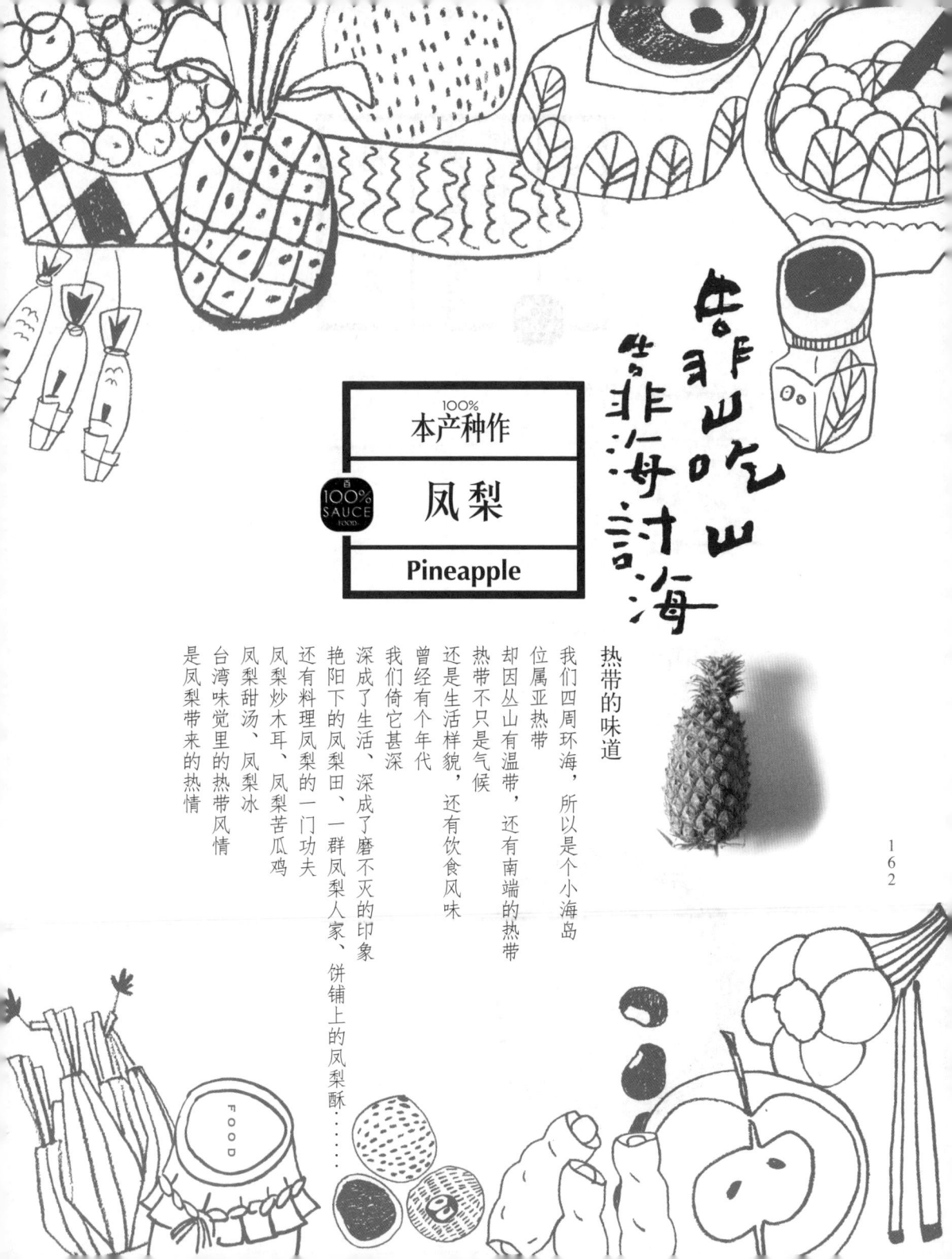

材料

凤梨	600克
马告	4克
黄豆曲	40克
凤梨果干	25克
甘草	4片
糖	120克
盐	70克

做法

1 将凤梨切成小扇形；将其他材料混合均匀成腌料备用。

2 在一干静容器将凤梨当底，铺一层腌料再铺一层凤梨，重复直到填满容器，将盖子封好，放置阴凉处封存，约30天(腌料都溶成液态)。

3 开封后冰箱冷藏。

1 凤梨

台湾栽种凤梨品种繁多，曾是外销大宗，也是加工果材。当下最复古的是开英种土凤梨，最新潮的是台农17金钻凤梨，端看你爱什么糖酸比。

2 黄豆曲

洗净浸水、煮熟、晒干、发酵、生绿霉、晒干，历经热水与日光的淬炼，为制作黄豆酱、豆瓣酱的主要原料。渍酱菜时添入可防腐与加速发酵。

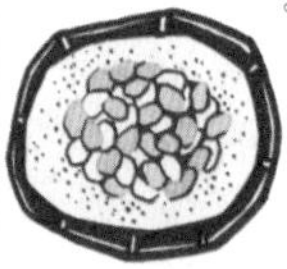

3 马告

泰雅人语马告，原住民的山胡椒，有胡椒的辛辣兼具柠檬香，这种特有气味，早从山地香到平地了。

Taiwan
pure=sauce

身世族谱

熬煮汤底的甜头
[凤梨豆豉酱]

风土食物
SEED

凤梨豆豉酱

发酵后的果酸
凝结夏日光耀的酸甘

—美味区间—

未开封冷藏
30 天

对应节气：大暑

素甜

4 凤梨果干

台农三号，开英种，美貌老师辅导花莲仑山部落有机种植。果干延续了水果的赏味期限，其酸甜亦因风干而更加显著。

5 甘草

甘草是调和百药之草，尤其是能化解许多良药之苦口，酱里也以甘草调味，有它哪需人工甘味。

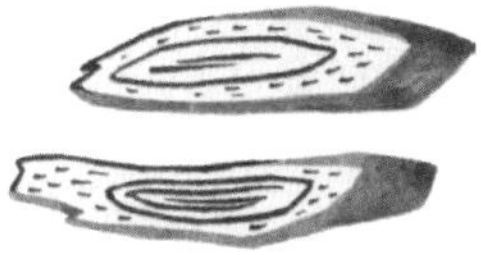

台湾酿酱
物产遇
100% SAUCE FOOD
风土食物 SEED
Taiwan
pure=sauce

凤梨豆豉酱与节气物产相遇

春分

箭笋/箭笋炒肉末

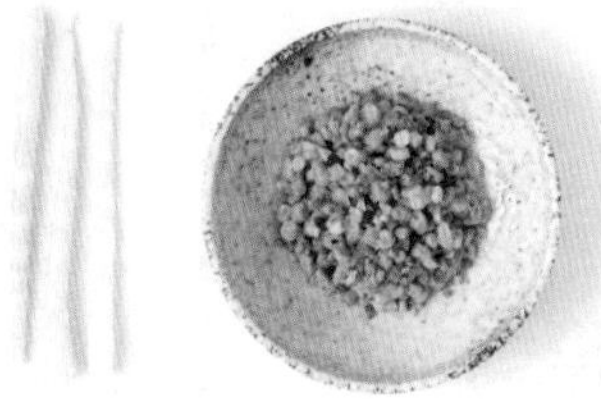

材料 10分上桌

猪绞肉	200克
箭笋	100克
辣椒	1个
蒜	3瓣
苦茶油	1茶匙
凤梨豆豉酱	1汤匙
白胡椒粉	适量
水	适量

做法

1 将箭笋切小段，辣椒切末备用。

2 起油锅依序放入蒜、辣椒末及绞肉炒香；加入凤梨豆豉酱以及箭笋，随即加入水将酱味烧出。

3 起锅前加入白胡椒粉调味即可。

大暑

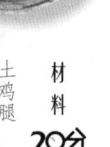

苦瓜/凤梨苦瓜鸡汤

材料 20分上桌

土鸡腿	1只
苦瓜	1根
凤梨豆豉酱	2汤匙
水	1000毫升

做法

1 鸡腿氽烫去血水，切块；苦瓜切块备用。

2 取汤锅注入水，加入凤梨豆豉酱，煮滚后放入土鸡腿以及苦瓜煮熟即可。

秋分

虱目鱼/虱目鱼肚炖汤

材料 30分上桌

虱目鱼肚	1片	米酒	适量
姜	4片	凤梨豆豉酱	1汤匙
水	800毫升		

做法

1 姜切丝备用。

2 锅中注入水及凤梨豆豉酱煮滚后，小火续煮10分钟，待酱味出来放入姜丝及虱目鱼炖煮至熟。

3 起锅前再加米酒即可。

冬至

红萝卜/酱炒萝卜木耳丝

材料 15分上桌

胡萝卜	100克	水	30毫升
黑木耳	50克	米酒	适量
姜片	6片	苦茶油	适量
地瓜粉	少许	凤梨豆豉酱	1汤匙

做法

1 胡萝卜、黑木耳切片备用。

2 起油锅炒香姜片，放入凤梨豆豉酱拌炒，再加入黑木耳及胡萝卜，加入米酒与水焖煮将酱味煮出。

3 再加入地瓜粉水勾薄芡即可起锅。

台湾酿酱
他方遇

泰国
炖食煮
Thailand

不同于其他菜系，
让人念念不忘的酸辣滋味，
是对泰国菜式的既定印象，
亦是其适应环境的一套饮食哲学。
在菜肴中添入提振食欲的香茅与柠檬叶，
加进刺激味蕾的南姜与大虾炖煮，
成就这一道让人回味再三的经典泰汤，
也成就了泰式料理风格独具的料理地位。

泰式酸辣虾汤

材料

虾	8只
圣女番茄	100克
草菇	100克
洋葱	100克
辣椒	2个
柠檬	1个
水	1500毫升
凤梨豆豉酱	2汤匙
九层塔	适量
盐	适量

做法

1 圣女番茄切半；洋葱切丝；辣椒切末；柠檬榨汁备用。

2 取一汤锅，注入清水，依序加入凤梨豆豉酱、洋葱丝、辣椒末炖煮，再加入小番茄、草菇、柠檬汁煮至滚后继续煮10分钟。

3 最后再放入虾煮熟，起锅前再加入盐调味并撒上九层塔即可。

冷拌结头菜

台湾酿酱 相亲相爱

100% SAUCE

材料

凤梨豆豉酱	1.5汤匙
结头菜	250克
香油	0.25茶匙
花椒油	0.25茶匙
芹菜	适量

做法

1 将结头菜切丝，芹菜切末备用。
2 将结头菜用凤梨豆豉酱、香油及花椒油拌匀。
3 食用时撒上芹菜末即可。

花椒油

味辛而麻的花椒粒，
与热油相撞后，
香气越发猛烈，
做川菜绝少不了花椒这一味，
是谓川菜的灵魂。

靠山吃山 靠海討海

100%
本产种作

葡萄

Grapes

青出于蓝

台湾的葡萄
早先多种金香，酿酒用
后来，鲜食的巨峰兴起
巨峰源自日本
却在台湾种出胜于日本的风味
葡萄像世界通行的语言
巨峰则快成了台湾的方言
诉说着这块土地上
独有的人情世故

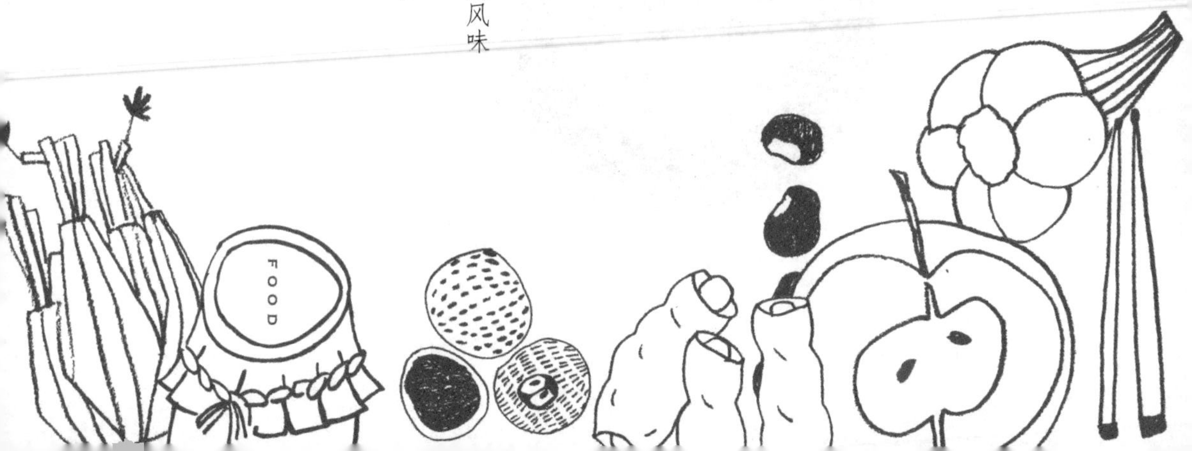

材料

葡萄　600克
冰糖　300克
柠檬　1　5毫升
果胶　50克

做法

1 将葡萄一粒粒剪开、洗净备用。
2 将做法1的葡萄放入沸水中汆烫10～15秒捞起冰镇。
3 做法2的葡萄放凉后剥皮，从蒂头用小竹签将子挖出备用，保持葡萄原状。
4 将葡萄子放入茶袋，与做法2的葡萄一同放入锅中，加入冰糖与柠檬汁，均匀拌匀后静置4～6小时。
5 将葡萄捞起来，原锅加热煮滚后，转小火加热，并持续不停搅拌。
6 捞除泡沫，加入果胶煮至稠状。
7 加入去皮去子的葡萄果煮滚，加入略为捏碎的红茶叶。
8 将葡萄子茶袋捞起后，关火装罐，倒置冷却后回正。

Taiwan
pure=sauce

身世族谱

晶莹紫红的浆果
[葡萄红茶果酱]

葡萄红茶果酱

酱吐司、熬甜汤
调和一杯消暑的冷饮

—美味区间—

未开封冷藏
30天

对应节气：立冬

素果

❶ 葡萄

台湾的巨峰葡萄生产以中部为主，产于夏冬两季，外皮紫黑，果肉饱满，果实由皮至子皆有丰富营养。

❷ 苹果

主要种植于梨山地区，蜜苹果汁多微酸，耐储存，颇适合做成果酱。

❸ 柠檬

与黄柠檬不同，台湾的柠檬翠绿，是气候环境的意外赠礼。柠檬虽酸，却是营养学上的碱性食物。

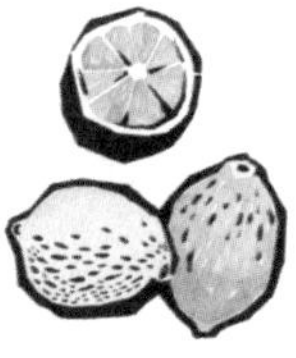

❹ 红茶

红茶是一个世界性的茶，日据时期也在台湾生根，曾经埋没后，又再度蹿红，尤其在南投鱼池日月潭一带。

❺ 冰糖

冰糖的糖性稳定不易发酵，食用也不若砂糖，常有酸苦舌燥感，调饮料、伴甜点，都不会喧宾夺主。

葡萄红茶果酱 与 节气物产相遇

台湾酿酱
物产遇
100% SAUCE -FOOD-
风土食物 SEED
Taiwan
pure=sauce

春分

香蕉/香蕉法式吐司

材料 5分上桌

葡萄红茶果酱	2汤匙	奶油	20克
香蕉	2条	牛奶	20毫升
蛋	2个	厚片吐司	4片

做法

1 香蕉切薄片备用。
2 厚片吐司每片对切成三角形。
3 将蛋和牛奶打匀成蛋液备用。
4 让吐司沾裹蛋液，再以奶油煎成两面金黄、外酥内软后成法式吐司。
5 将香蕉铺在法式吐司上后，铺上葡萄红茶果酱即可。

芒種

土芒果/酱炒牛肉佐芒果

材料 10分上桌

葡萄红茶果酱	2汤匙	盐	适量
土芒果	5个	薄荷	适量
牛肉片	200克		

做法

1 将土芒果去皮去子切条备用。
2 撒盐于牛肉片上，放入已预热220摄氏度的烤箱烤8分钟。
3 将烤熟的牛肉片、芒果与葡萄红茶果酱拌匀。
4 略撒些盐调味，再以薄荷叶装饰即可。

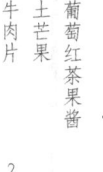

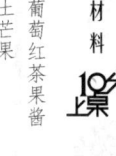

处暑

大白柚/凉拌白柚蟹肉

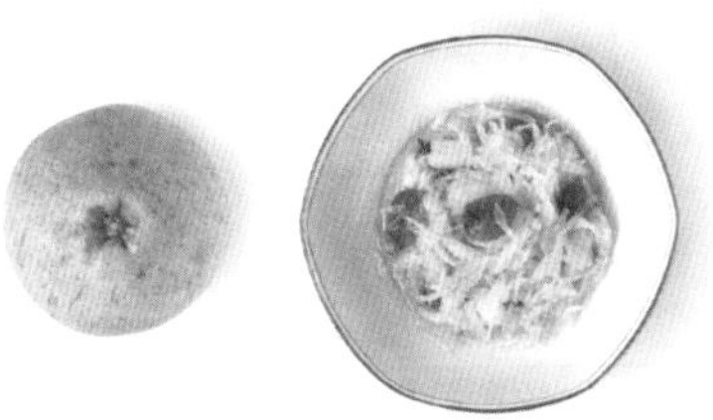

材料 20分上桌

葡萄红茶果酱	2汤匙	苦茶油	1汤匙
大白柚肉	250克	白酒	1.5汤匙
蟹肉	150克	盐	适量
柠檬汁	30毫升		

做法

1 起一油锅，将蟹肉煎熟，于起锅前加入白酒炝烧，放凉后备用。

2 将蟹肉、大白柚肉、柠檬汁与葡萄红茶果酱拌匀。

3 以盐适当调味即可。

大寒

菜心/菜心炒猪肉

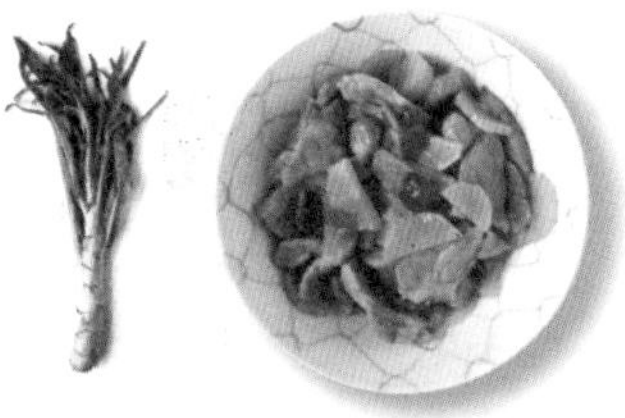

材料 15分上桌

葡萄红茶果酱	2汤匙	苦茶油	1汤匙
猪肉片	250克	盐	适量
菜心	250克		

做法

1 将菜心去皮、切圆片，以盐去青沥掉水分。

2 起一油锅，将猪肉片炒至变白后，加入菜心拌炒。

3 起锅前，拌入葡萄红茶果酱与盐，适当调味即可。

台湾酿酱
他方遇
二

油煎食

法国

France

南北地域造就了饮食风俗文化的差异，
在Paris品尝马卡龙，
到Marseille喝鱼汤，
Toulouse最具代表性的便是香煎鸭胸。
皮煎成略带焦香，
最精华的肉质透出鲜嫩粉红，
佐以闻名世界的葡萄酱汁，
法式风华绝代。

香煎鸭胸

材料

葡萄红茶果酱　1.5汤匙
鸭胸　1块（约300克）
金莲花　2朵
盐　适量

做法

1 以刀在鸭胸表皮划斜十字，两面均匀抹上盐。
2 以小锅装水压在鸭胸两面，利用重量让鸭胸皮面煎至金黄，肉面煎至九分熟。
3 起锅后，切成小片佐葡萄红茶果酱食用。

相亲相爱

台湾酿酱

状元糕

100% SAUCE

材料

葡萄红茶果酱	4汤匙
糯米粉	200克
杏仁粉	50克
水	120毫升
蜜核桃	3汤匙
铝箔杯	12个

做法

1 以牙签在铝箔杯底戳几个小洞备用。

2 将糯米粉和杏仁粉混合均匀，以水慢慢加入搅匀后，过筛备用。

3 铝箔杯填入一半做法2的粉，再填入葡萄红茶果酱，最后以粉补满。

4 以盖上锅盖的蒸锅大火蒸10分钟，再撒上蜜核桃即可。

糯米粉

糯米经一夜浸泡后，
与水相磨后装于布袋，
捆于扁担与板凳之间，
经一夜滴漏，
将湿的糯米粉团，摊平晒干，
黏性与延展性都更加卓越，
常见于麻糬与糕点外皮。

蜜核桃

华人传统饮食的文化，
深信以形补形的概念，
因此核桃便有了“脑黄金”的盛名。
其有益于神经系统生长发育的营养素，
在脑部吸收过程可彼此互补，
足迹更远播世界各地，
与扁桃、腰果、榛果并列国际四大坚果。

靠山吃山 靠海讨海

100%
本产种作

桂圆

Dried Longan

东方滋味

在台湾
龙眼应了农历七月中元普度的景
只在此时盛产、此节『着时』
其余龙眼缺席的日子
一年到头都靠桂圆填补着
龙眼还难在众果中抢风头
但果肉焙成了桂圆
便在滋补养生里独树一帜了
桂圆、红枣像结拜的兄弟
桂圆用进糕粿、甜品……
甚至西洋的烘焙里
都能让人轻易尝出东方味

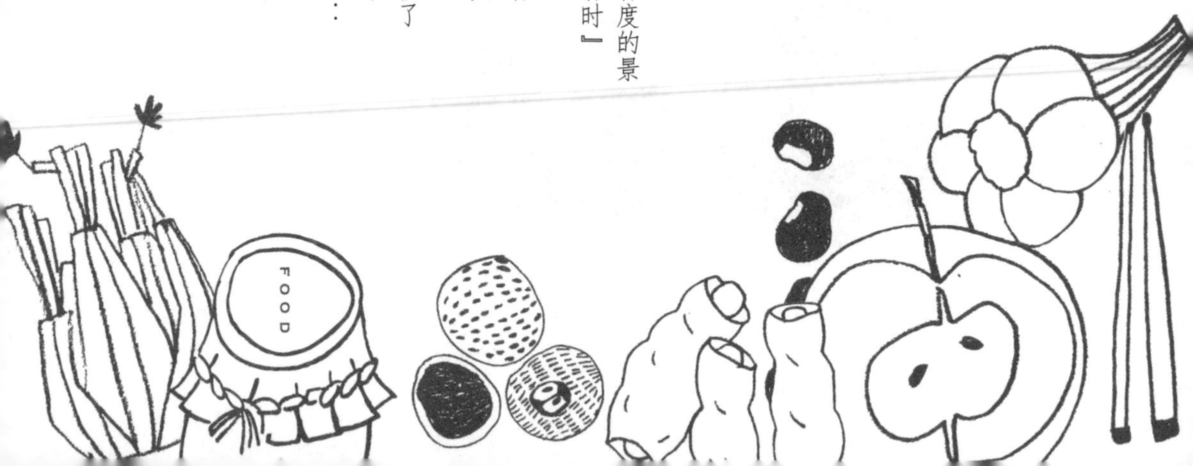

材料

桂圆 150克
黄芪 100克
枸杞 20克
红枣 50克
米酒 2汤匙

做法

1 将红枣去子切条备用。
2 将黄芪、枸杞、红枣加水煮开后，煮至原水量一半后沥干，留下汤汁。
3 再将桂圆加入做法2的汤汁，煮至浓稠状。
4 起锅前，加入米酒调味即可。

Taiwan pure=sauce

身世族谱

轻松食养
[桂圆红枣酱]

桂圆红枣酱

益中气、补虚寒
男女皆宜的暖身食帖

—美味区间—

未开封冷藏 30 天

对应节气：立秋

❶ 桂圆

将龙眼含壳日晒或以火焙干为桂圆，入药或料理皆宜。日晒桂圆者色泽黄亮佳；火焙者则以深黄带红者最佳。

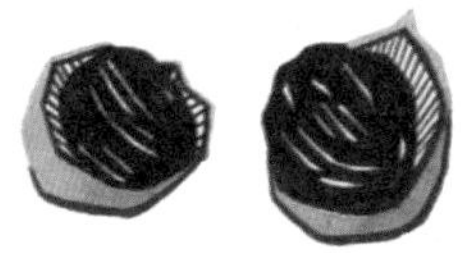

❷ 红枣

中药里的红枣，味甘性温，常配于减缓烈性药副作用，具补中益气、养血安神之效。

❸ 枸杞

枸杞与桂圆、红枣，同样都是植物的熟果，即使干燥，其实仍收敛着自己独有的果香，不只补，还可以欣赏它的味，甚至红色的喜气。

❹ 黄芪

黄芪其实就是青芪，即生（闽南语为青）的黄芪，药性族繁不载，大家都知它强健补身。

❺ 米酒

药膳食补中，管他多少方材，这一定要有一道酒，是这些药效的执行长。

桂圆红枣酱与节气物产相遇

台湾酿酱
物产遇
100% SAUCE FOOD
风土食物
SEED
Taiwan
pure=sauce

立春

茂谷柑/茂谷柑甜汤

10分上桌

材料

桂圆红枣酱　2汤匙
茂谷柑　2个
糖　40克
水　800克

做法

1 将茂谷柑皮肉分离备用。
2 将所有材料与分离的茂谷柑果肉与果皮置于汤锅，煮开转小火再煮5分钟即可。

小满

皇宫菜/酱炒皇宫菜

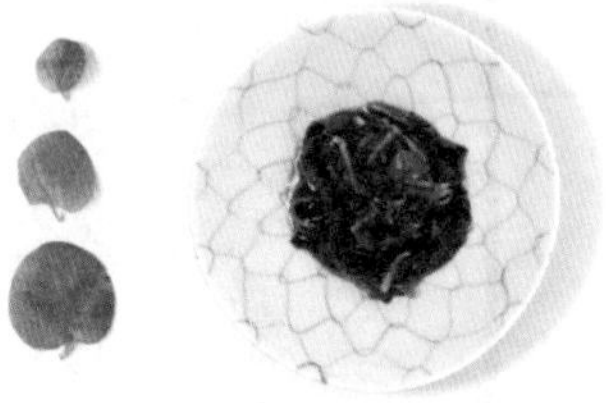

180秒上桌

材料

桂圆红枣酱　1.5茶匙
姜丝　10克
黑芝麻油　1汤匙
皇宫菜　250克

做法

1 起一油锅，将姜丝以麻油煸香后，拌入皇宫菜和桂圆红枣酱炒熟即可。

秋分

水梨/红酒梨汤

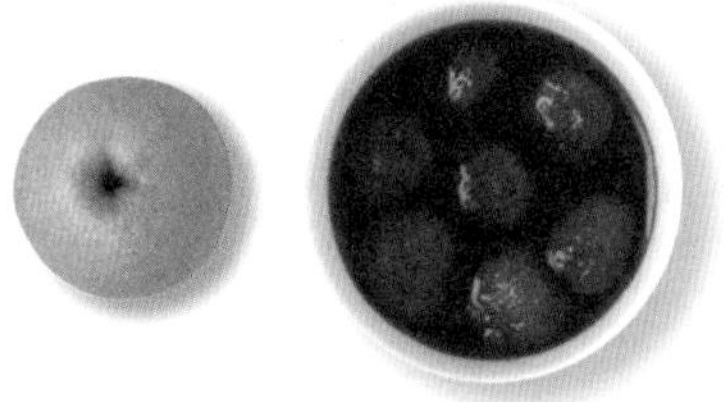

材料 5分上桌

桂圆红枣酱	2汤匙
水梨	1个
红酒	500毫升

做法

1 水梨挖球备用。

2 将所有食材放入电锅内锅，在外锅加2杯水蒸熟即可。

冬至

姜/烧酒鸡

材料

桂圆红枣酱	2汤匙	米酒	1杯
鸡腿	1只	酱油	2汤匙
姜	50克	水	1500毫升
黑芝麻油	3汤匙		

做法

1 将鸡腿切块；姜切丝备用。

2 起一油锅，将姜丝以麻油煸香后，加入鸡腿肉炒出香气。

3 加入桂圆红枣酱炒香，加水煮滚后，转小火煮30分钟。

4 以酱油调味后，再倒入米酒煮开即可。

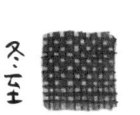

塔吉锅

台湾酿酱
他方遇

蒸煮食
摩洛哥
Morocco

以陶土制成的塔吉锅，是北非人因应恶劣气候的炊具。尖塔状的器形，让沸腾的水汽循环对流、蒸熟食物，对于水资源匮乏的北非人来说，无疑是一项相当聪明与实用的发明。如今则因其少油少盐的特性，在追求低油盐、保留食材营养的现在，再度风靡起来。

材料

桂圆红枣酱	2汤匙	小茴香	0.5茶匙
牛肉	300克	肉桂粉	0.5茶匙
洋葱	3个	蒜	4瓣
腌柠檬	0.5个	苦茶油	1汤匙
柿饼	2个	芫荽	1汤匙

做法

1 将牛肉切块；洋葱切块；腌柠檬切5瓣；柿饼切8等份，蒜拍碎备用。

2 起一油锅，将洋葱炒香，拌入蒜，释出香气后，加入牛肉拌炒。

3 以桂圆红枣酱与腌柠檬、柿饼、小茴香、肉桂粉一同炒香后，加水盖过食材，盖上盖子煮沸，再以小火煮45分钟。

4 起锅前再拌入芫荽末即可。

相亲相爱

台湾酿酱

甜米糕

100% SAUCE

材料

桂圆红枣酱　3汤匙
圆糯米　1杯
二砂糖　50克
米酒　3汤匙
水　6杯

做法

1 将圆糯米洗净后浸泡1小时后备用。
2 将桂圆红枣酱、圆糯米、二砂糖加5杯水放入电锅内锅，再放1杯水于电饭锅外锅蒸熟。
3 煮熟后，加入米酒焖5分钟后即可。

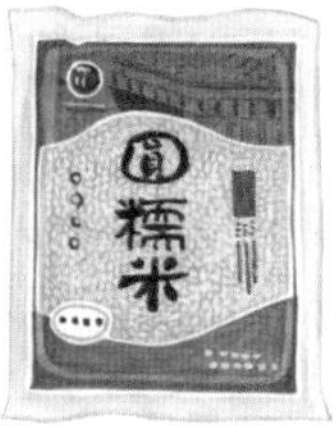

圆糯米

糯米虽然没有天天吃，
但总在逢年过节，
炊粿做米糕，
一定要这黏黏的腻。

米酒

法国以酿造葡萄酒见长，
而德国离不开啤酒，
苏格兰完美演绎了威士忌，
华人自古以农立国，
有着稻米文化建立起的饮食根基，
米酒便成了古今常民的佳酿，
不论爆香、熬汤、腌渍食，
都是庖厨佐菜良品。

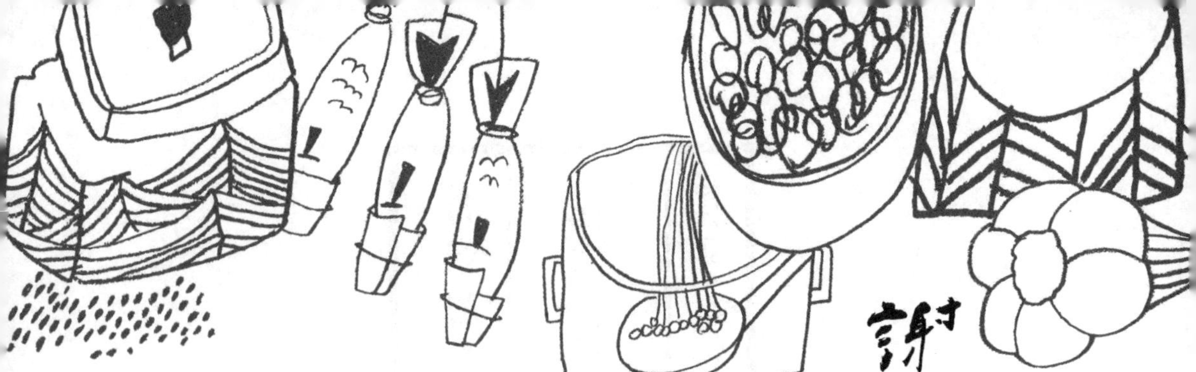

謝天謝地也
吃巧吃館

100%
本产种作

油葱酥

Crisp Red Onions

国民酥香

红葱头在猪油里爆得金黄
动物油脂迫植物辛香
跨界的彼此帮补
油葱酥
撒进汤里、和在馅里、拌进料
理……
简单，往往最不简单
入生活很深、陪味觉很久
让人在简朴甚至拮据里
在美味上
也可以不退让、不妥协

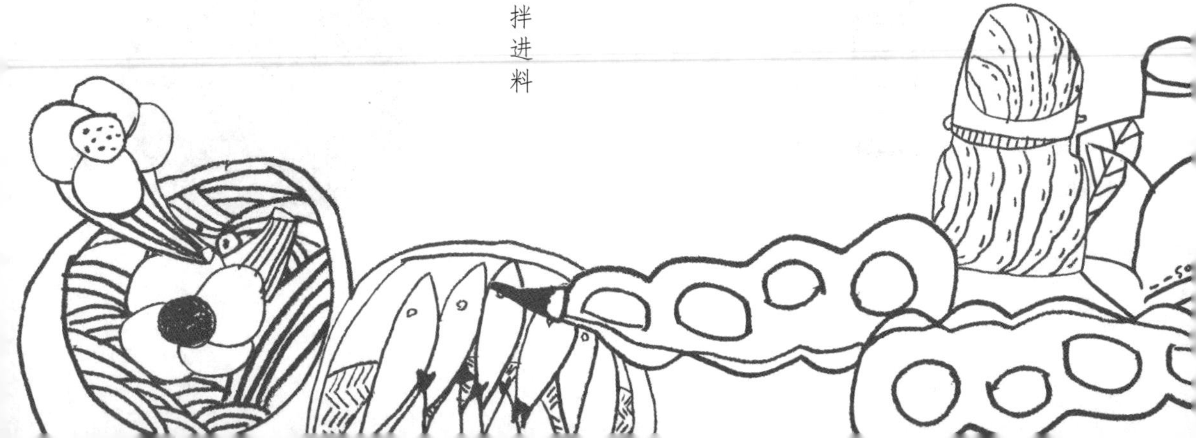

材料

猪油 300克
红葱头 200克
开阳 300克

做法

1 红葱头切片；开阳切末备用。
2 将猪油加热，放入红葱头小火煸炒直到金黄。
3 最后再放上开阳碎末至释放香气。

Taiwan pure=sauce

身世族谱

❶ 红葱头

形像蒜，质地像洋葱，它有自己的一套香经。

❷ 猪油

低温凝如白玉、久存耐放，高温耐热耐炸。即使没肉吃，菜里、饭里也有脂香。

肉臊的醍醐味
[猪油葱酥酱]

风土食物 SEED

猪油葱酥酱

拌面拌饭，做粽做粿
自宅料理之星

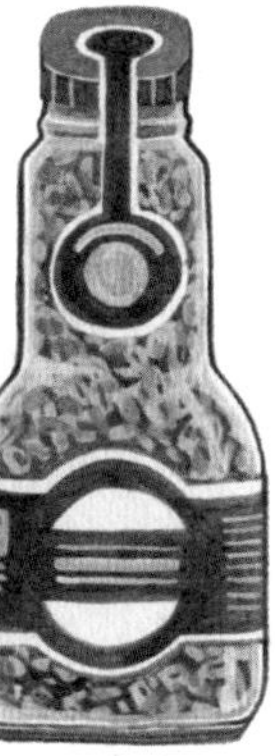

—美味区间—

未开封冷藏 30天

对应节气：皆宜

荤 润

开阳 ❸

因为虾补阳，
所以叫开阳，
比起虾皮，
个头大、多了肉，
就是虾米。

猪油葱酥酱与节气物产相遇

台湾酿酱
物产遇
风土食物
SEED
Taiwan
pure=sauce

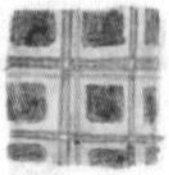

立春

韭菜/韭菜蚵汤

材料 30分上桌

猪油葱酥酱 1大匙
韭菜 2~3根
鲜蚵 200克
地瓜粉 少许
米酒 少许
水 800毫升
盐 少许
白胡椒粉 少许

做法

1 韭菜洗净，切小段备用。

2 A—汤锅加入800毫升水加热。
B—另起一锅水加热，淋上米酒，同时将鲜蚵水分沥干，沾覆少许的地瓜粉。水滚放入鲜蚵，待粉变透明即可捞起备用。

3 待A汤锅水滚随即将韭菜及做法B的鲜蚵、猪油酥加入，最后加盐、白胡椒调味即可熄火起锅。

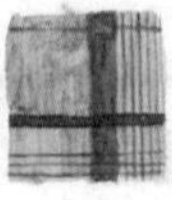

清明

毛豆/毛豆炊饭

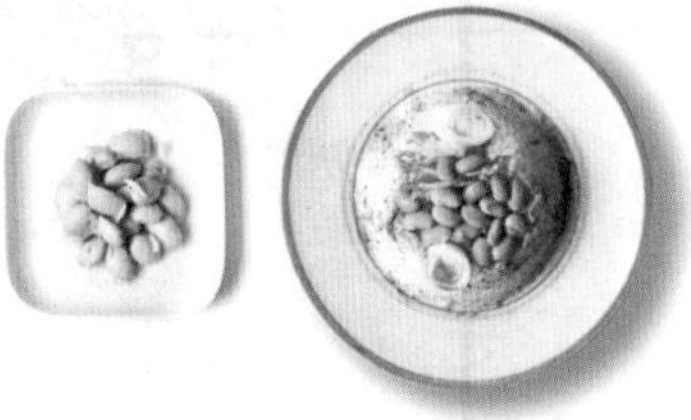

材料 30分上桌

猪油葱酥酱 1大匙
隔夜饭 2碗
毛豆 30克
鹌鹑蛋 4个
酱油膏 少许

做法

1 冷水将鹌鹑蛋煮滚，熄火，待水凉，去壳对切备用。

2 毛豆烫熟过冰水，沥干备用。

3 隔夜饭加入猪油葱酥酱拌匀。

4 另取饭碗将毛豆及蛋铺底然后填入做法3的饭，压紧实放入锅中蒸熟，倒扣盛另一碗中，淋上少许酱油膏即可。

白露

芋头/油烩芋头

材料 20分上桌

猪油葱酥酱	1大匙	白胡椒粉	适量
芋头	2个	水	适量
盐	适量	芹菜	2根

做法

1 芋头削皮，洗净切大块；芹菜切末备用。

2 将芋头放入锅中，加淹过芋头的水量，盖锅盖煮至芋头蒸熟，拌入猪油葱酥酱，以盐、白胡椒粉调味起锅，盛盘，最后撒上芹菜末提香。

小寒

芥菜/凉拌芥菜

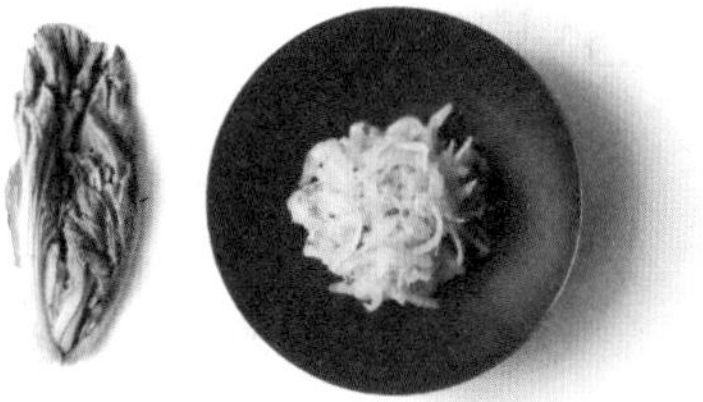

材料 180秒上桌

猪油葱酥酱	1大匙
芥菜	250克
盐	少许

做法

1 锅中注入水及少许盐加热煮滚，加入芥菜汆烫起锅。随即拌入猪油葱酥酱及盐调味即可。

混拌食

北非

North Africa

粗麦粉经盐水湿润，搓揉成金黄色米粒状，粒粒分明不软黏，也可加入手边有的各式配料，即拉丁文中的『食物』之意。

节瓜 Couscous

材料

猪油葱酥酱	1.5大匙
节瓜	30克
黄椒	30克
番茄	30克
洋葱	30克
北非小米	100克

做法

1 用筛子将小米洗净沥干；将节瓜、黄椒、番茄、洋葱切丁备用。

2 锅中注入水煮滚加入做法1的小米盖上锅盖，煮滚熄火。

3 另起一只锅加入猪油葱酥酱，油热加入节瓜、黄椒、番茄、洋葱拌炒两下后，随即加入做法2的小米拌炒均匀即可熄火盛盘。

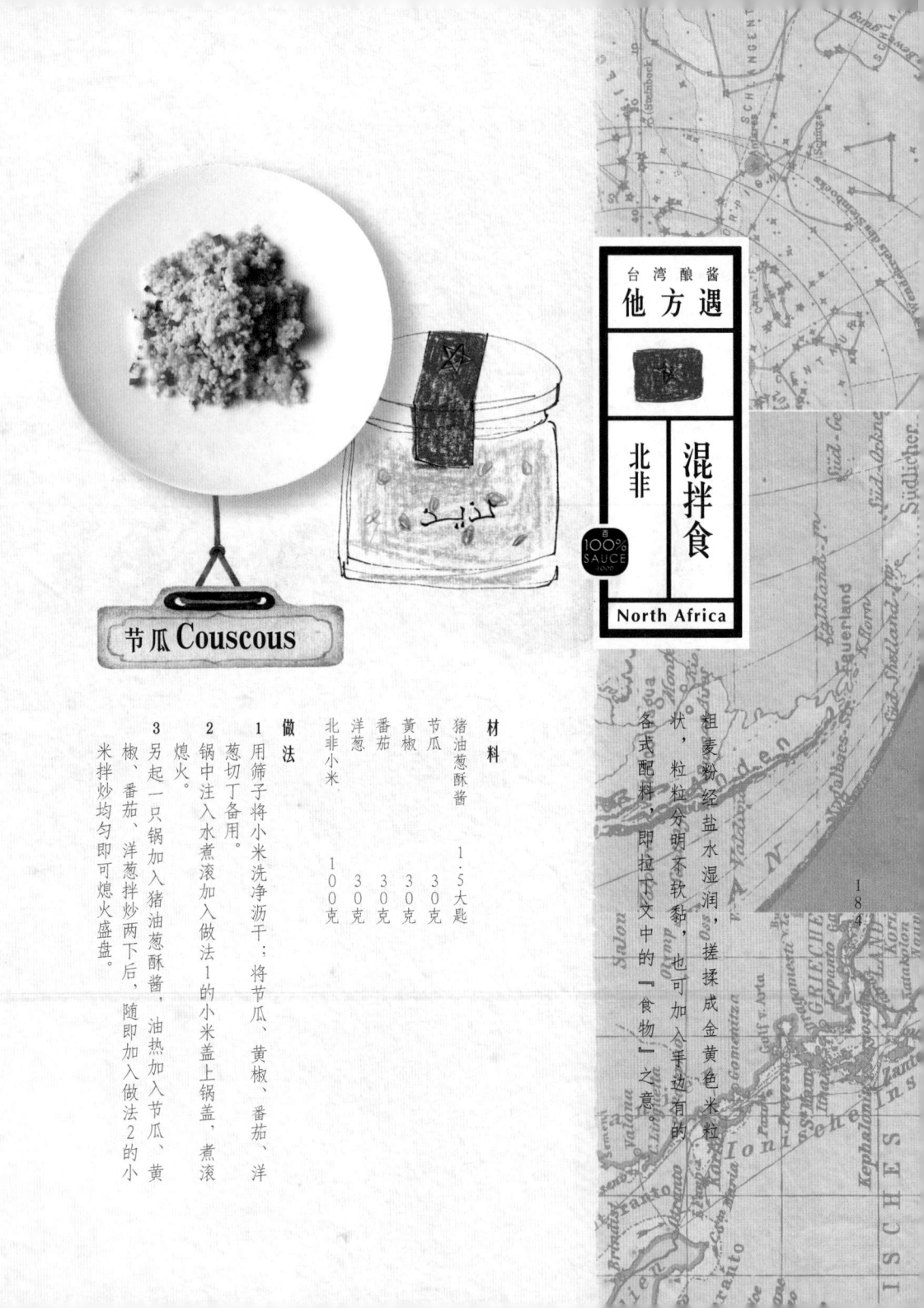

猪油拌饭

台湾酿酱

相亲相爱

100% SAUCE

百 100% SAUCE -FOOD-

材料

猪油葱酥酱 1茶匙
白饭 1碗
酱油膏 适量

做法

1 热乎乎的白饭上，加一匙猪油葱酥酱，淋上酱油膏趁热拌匀即可。

酱油

来自黑豆，
蒸蒸洗洗荫荫晒晒，
深褐汁液，
伴着我们一代又一代，
有人说我们为什么是黄皮肤，
因为……我们从小就喝酱油。

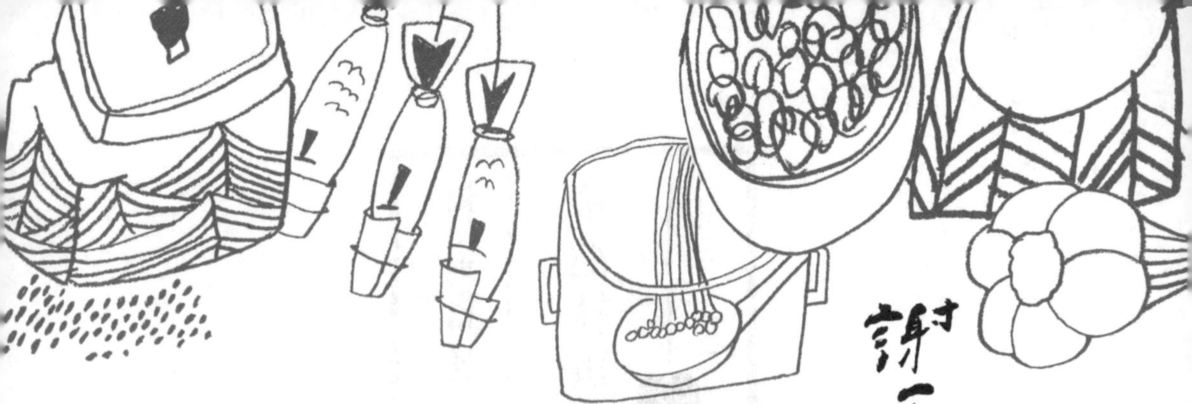

謝天謝地 吃巧吃飽

100%
本产种作

麻油

Sesame Oil

很古老的馨香气

门一开，7件事跟着来
生火煮饭的柴、米，接着就是油
料理的油脂
来自动物的，凝白如霜的猪油
榨自植物的，花生油、麻油、苦茶油
对比牛油、奶油、苦茶油……
东西文化之别鲜明了
芝麻小事，在东方社会沁得深远
黑芝麻榨麻油；白芝麻制香油
香油点滴着用于提鲜增味
麻油用得阔气滋补养生
跟稻米很像
一路从田间的种植
坊间的碾米、油行
到寻常百姓的日日所需
麻油有很古老的香气

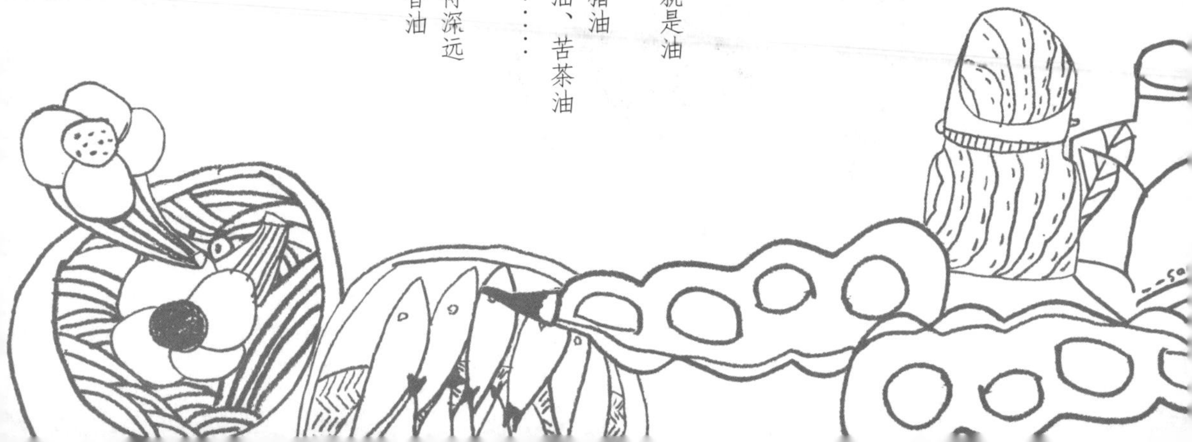

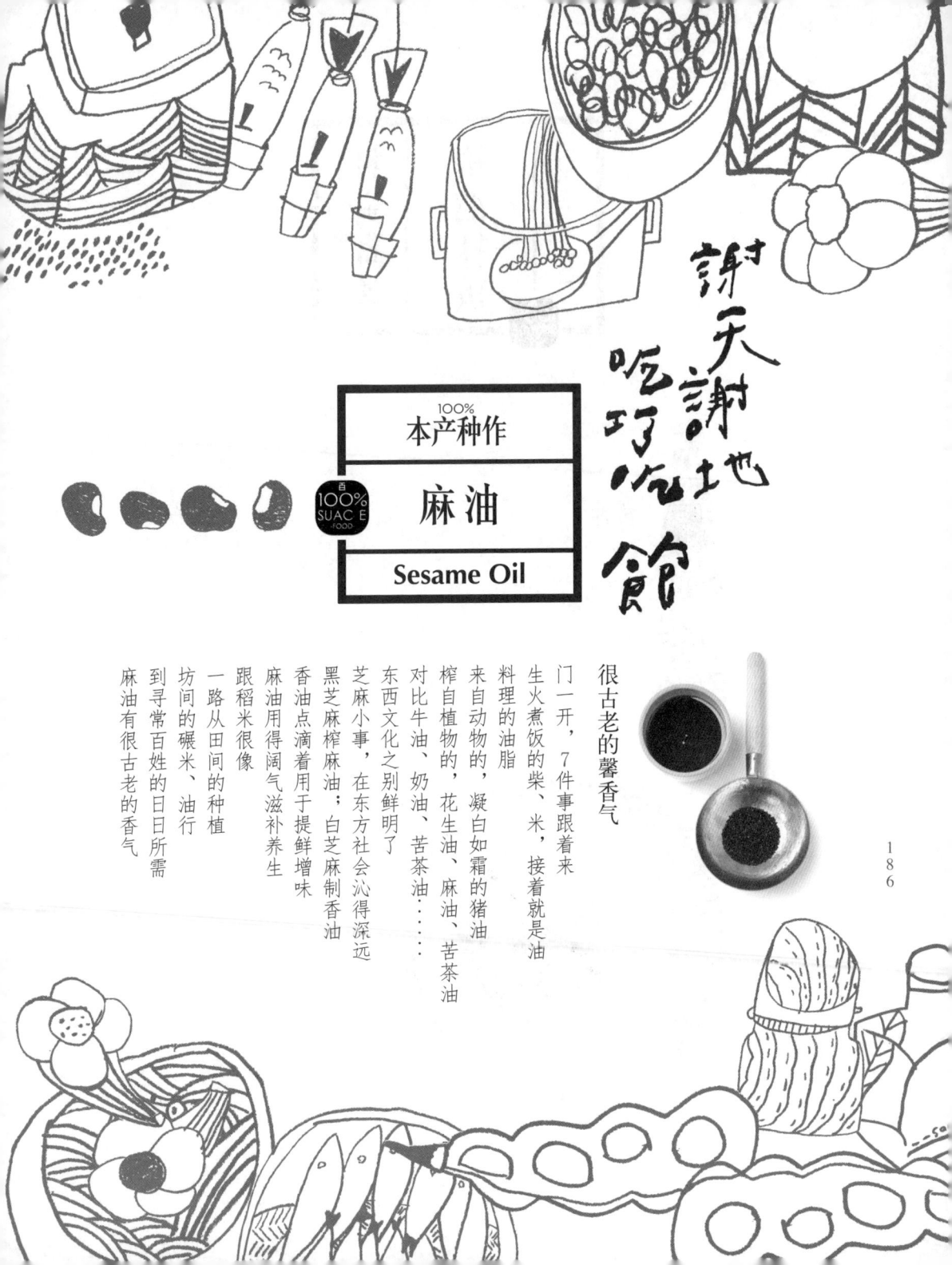

材料

黑麻油 80毫升
橙皮 0.25个
树豆 50克
葡萄干 40克
老姜 120克
酱油 40毫升
米酒 30毫升
清水 40毫升

做法

1 将老姜切片；树豆泡水煮软，葡萄干以米酒浸泡备用。

2 热锅，麻油爆香老姜片，加入酱油、米酒略炒。

3 加入煮好的树豆，慢煮至软烂后，以搅拌器拌打成泥。

4 最后加入陈皮；葡萄干，持续炖煮至酱汁浓稠即可。

Taiwan
pure=sauce

身世族谱

坐月子味道般的［麻油姜酱］

麻油姜酱

祛冬寒、暖身躯
性温的食补之道

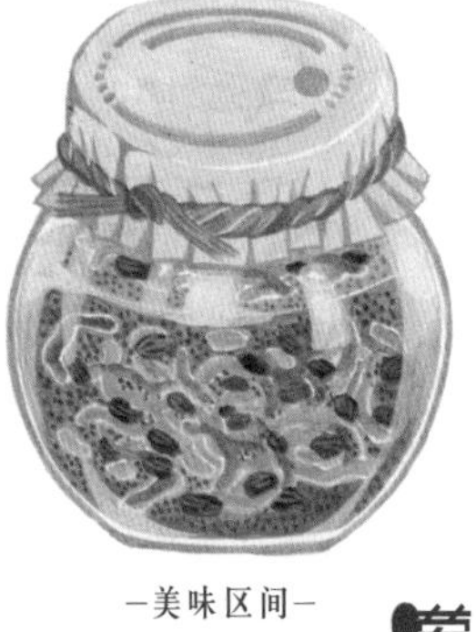

—美味区间—

未开封冷藏 30 天

对应节气：冬至

1 老姜

姜是老的辣，智能也是老的高，姜在我们生活里，内用甚至外敷，像个万灵丹。

2 黑麻油

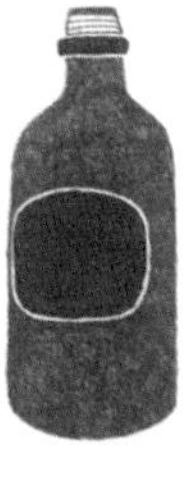

传统麻油饼制压榨，色深味香，独特的芝麻木酚素，具有抗氧化之效。由古至今，一直是冬令养生及产后进补必备品。

3 树豆

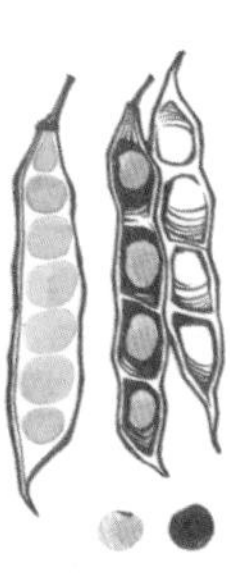

树豆即阿美人语马太鞍，几乎是他们的主食，平地称它番仔豆。树豆用以炖煮肉类，其美无比，是值得骄傲的食材。

4 橙皮

把柑橘的香气叫芸香好了，这芸香在叶子、在果肉，也在果皮。

5 葡萄干

即使咸料理也能缀点葡萄干，点缀微酸果香。

6 酱油

酱油也咸，但不同于盐，是活的，随时间改变风味。

台湾酿酱 物产遇

风土食物

Taiwan pure=sauce

麻油姜酱与节气物产相遇

惊蛰

韭黄/韭黄爆猪肝

材料 20分上桌

猪肝	150克	高汤	3大匙
韭黄	150克	米酒	80毫升
姜	4克	酱油膏	1大匙
醋	1茶匙	麻油姜酱	2大匙

做法

1 将猪肝以水洗净，去除血水，切片，以米酒浸泡10分钟后沥干备用；韭黄切7厘米小段；姜切片；醋、高汤、酱油膏、麻油姜酱先调和拌匀备用。

2 取酱中的麻油爆香姜片，加入猪肝后转大火，快炒至八分熟，加入韭黄段和调好的酱持续翻炒，略微收干即可。

夏至

红凤菜/舒润红凤菜

材料 10分上桌

红凤菜	300克	盐	适量
葱	10克	麻油姜酱	2大匙
姜	4克		

做法

1 先取下红凤菜之叶片；葱切段；姜切片备用。

2 取酱中麻油爆香葱段、姜片，待香气散出后加入红凤菜和麻油姜酱翻炒，最后以盐调味。

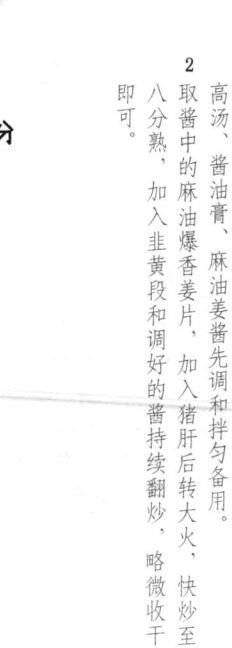

白露

金针花/金针烧鸡

材料 20分上桌

去骨鸡腿肉	200克	高汤	200毫升
金针花	20克	酱油	2大匙
豌豆	40克	麻油姜酱	4大匙
蒜	10克		

做法

1 取2大匙麻油姜酱腌鸡腿肉；蒜切片。

2 取酱中麻油炒香蒜片，放入腌好的鸡腿肉，炒至五分熟后加入金针花、高汤、酱油、麻油姜酱烧煮约3分钟。

3 最后加入豌豆，略煮成高汤收至浓稠即可。

大雪

金枣/金枣煎蛋

材料 5分上桌

金枣干	4个	盐	适量
蛋	4个	苦茶油	1大匙
菠菜	80克	麻油姜酱	2大匙
葱	20克		

做法

1 金枣干切丁；菠菜切末；将蛋打散后加入所有材料。

2 取一煎锅，倒入苦茶油，锅热后倒入蛋液，煎熟成型即可。

3 麻油姜酱也可另外当成蘸酱使用，不用加入蛋液中。

油渍鲑鱼塔塔

台湾酿酱
他方遇
法国
油渍烹
France

结合东西方烹调技巧，先将物料以调味酱汁腌制，并裹封冷藏一段时间后，再给予热烹调。而热烹调还须根据食材的性质作程度多寡上的熟成调味。

材料

鲑鱼	300克
麻油姜酱	100克
盐	5克
烘焙纸	1张

做法

1 鲑鱼先以纸巾吸干水分，以盐均匀涂抹在表面。

2 将酱料涂抹于鲑鱼表面，再以烘焙纸包裹浸渍，冷藏保存5~8小时。

3 取出烹调，慢煎或炉烤即可。

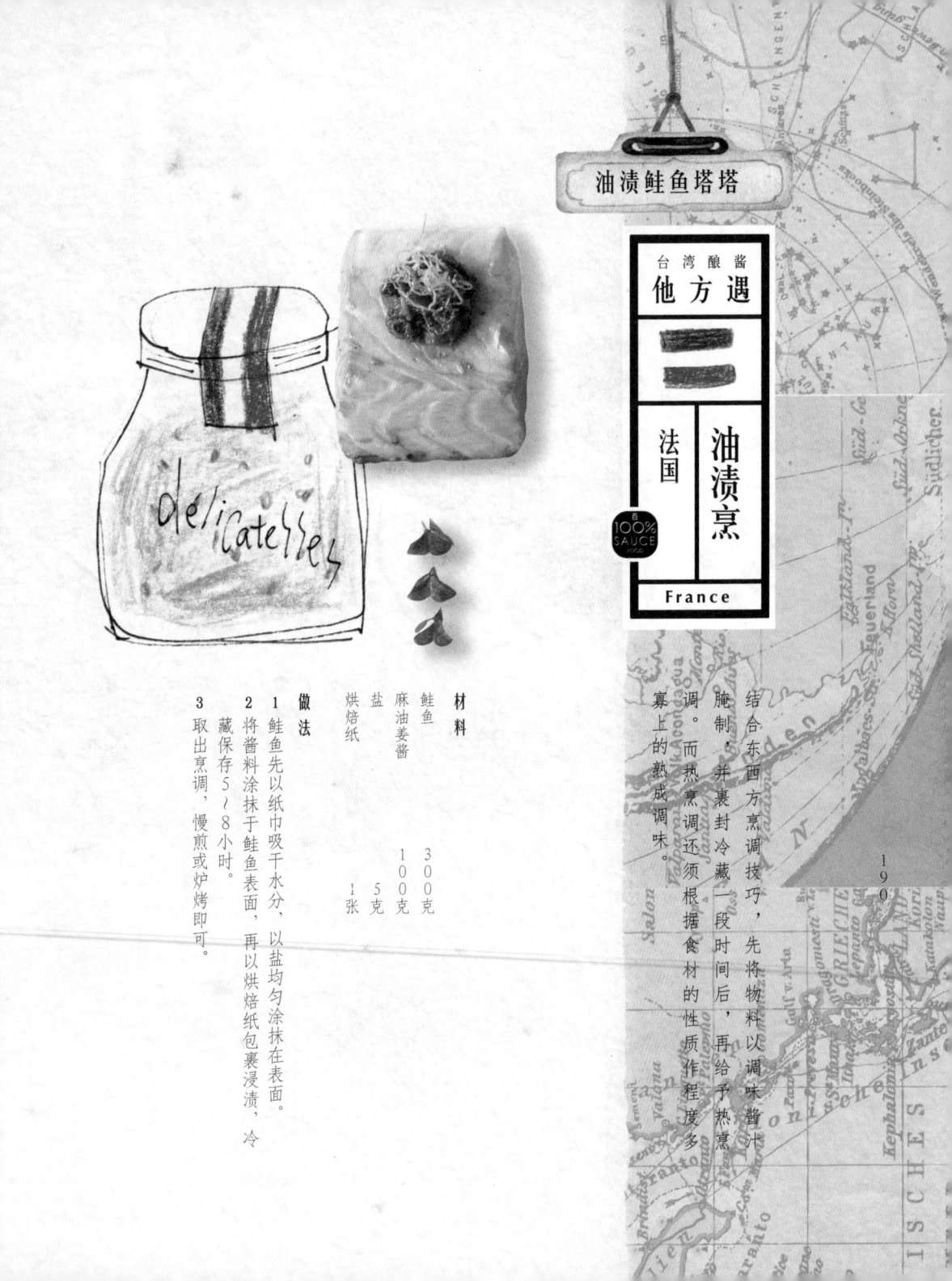

相亲相爱

台湾酿酱

麻油煎面线

100% SAUCE

材料

面线 150克

麻油 1大匙

麻油姜酱 25克

做法

1 取一汤锅，将面线烫熟后拌入麻油。

2 以小火油煎至两面金黄。

3 加入麻油姜酱，将面线拌松翻炒，收至略干即可。可另外加酱油调味。

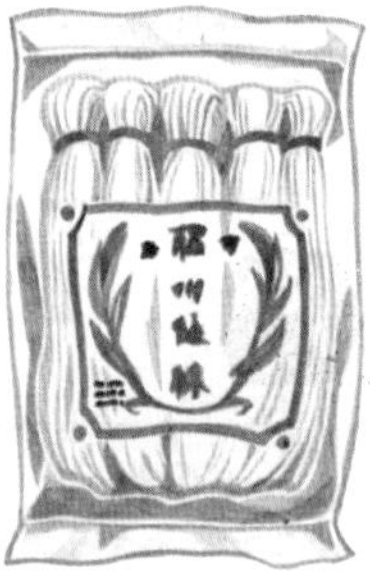

天日干手工面线

一碗简简单单的白面线，
做工繁复讲究，
师傅以抽拉的方式将面筋拉开，
增加面筋韧性与弹性，
每一条手工细丝都是来自温度与湿度的协调，
传统手艺的智能和美好。

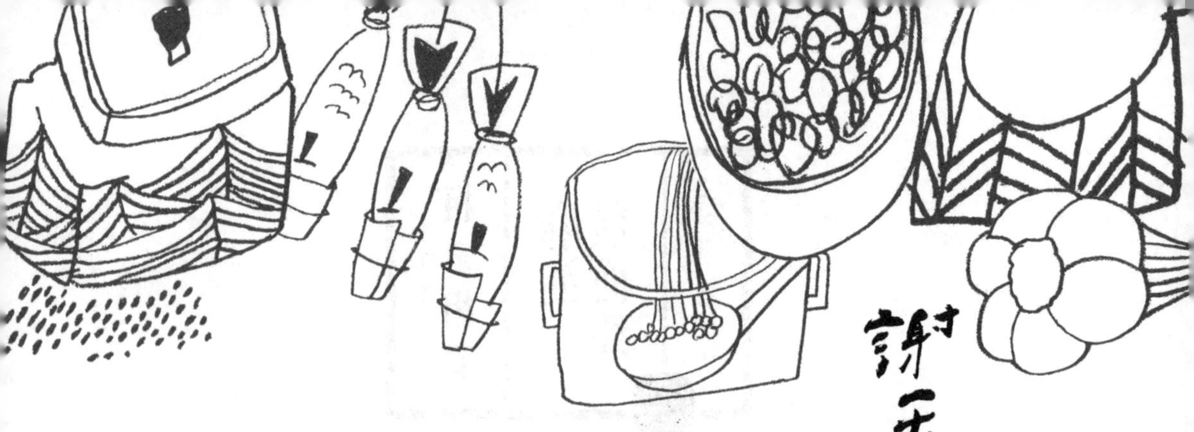

謝天謝地 吃巧吃館

100%
本产种作

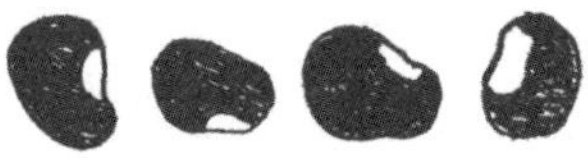

百
100%
SUAC E
FOOD

乌醋

Black Vinggar

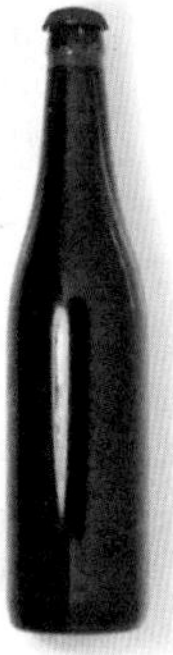

爱吃醋的民族

酿造这条路
走着走着分岔成两条路
一条的通往酒
另一条走到了醋
因而成了五味中酸的经典
醋又分白醋与乌醋
白醋来自米的纯酿
乌醋多了蔬果同酿，自成一格酸甜香
我们是爱吃醋的民族
吃醋好处多得难胜数
先撇开大菜料理不说
小吃里
只要遇到黏稠的羹汤
不滴上乌醋
一切显得不完全

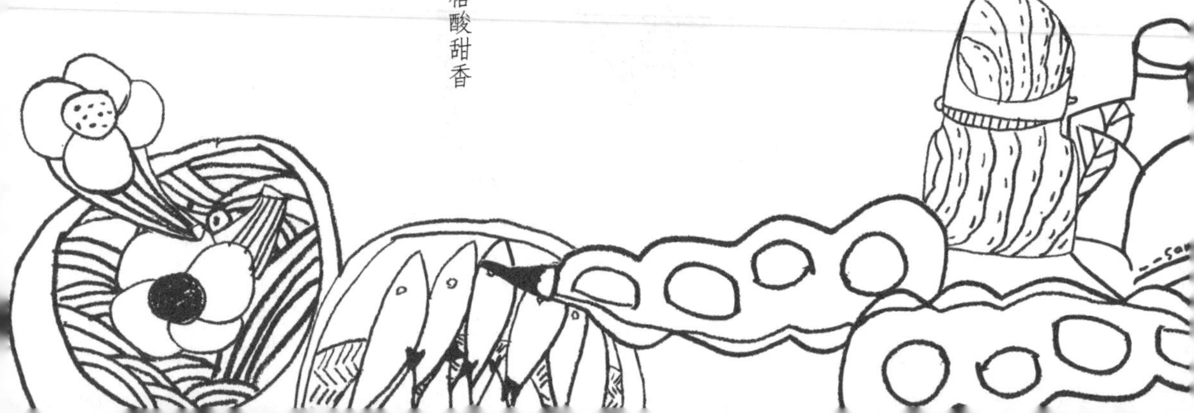

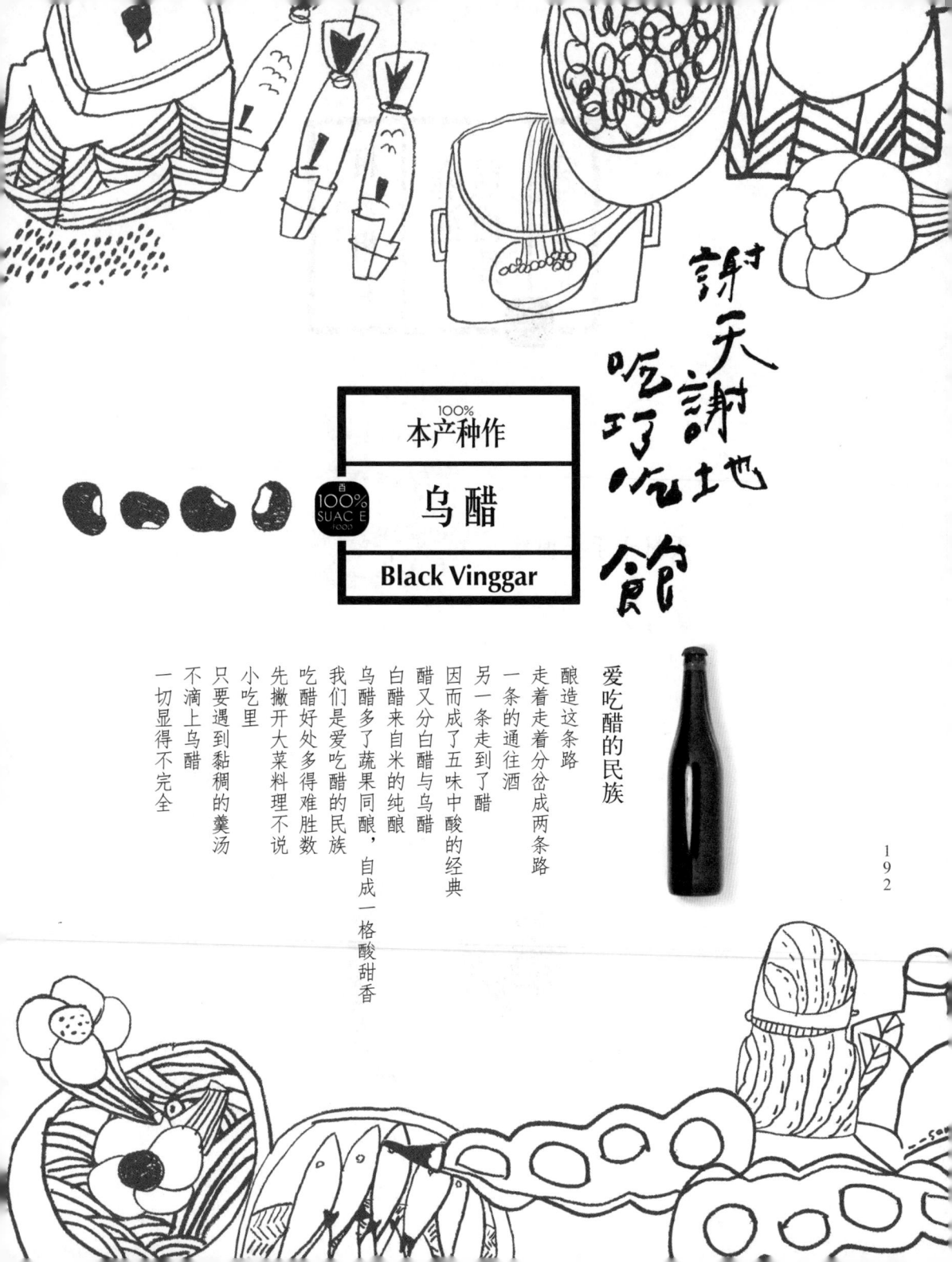

材料

乌醋　150毫升
五香粉　0.25茶匙
辣椒　2个
橙皮　1克
马告　1克
鱼露　30毫升

做法

1 辣椒切末；柑橘皮切丝。

2 将辣椒、柑橘皮、马告、鱼露混合煮沸后，放凉备用。

3 将做法2材料与乌醋、五香粉混合均匀，装罐即可。

Taiwan pure=sauce

身世族谱

❶ 五香粉

以花椒、肉桂、八角、丁香、小茴香子磨粉而成的辛香料综合，日本有七味，我们有五香。

❷ 乌醋

使用糯米，加入胡萝卜、洋葱等蔬材熬煮，经3个月酿造而得，较白醋香味浓烈而弱酸，常应用于羹类及小炒料理。

藏香于乌的［五香醋辣酱］

风土食物 SEED

五香醋辣酱

重香气、味多元
做羹汤面的良伴

—美味区间—

未开封冷藏　30天

对应节气：皆宜

辣椒 ❸

辣椒富含维生素C，辣椒素还能增食欲、促消化，生鲜是一种辣，晒干了又是另一种辣。

橙皮 ❹

晒些柑橘皮、桶柑、椪柑、茂谷柑……试试。

鱼露 ❹

以鳀鱼汁、盐、糖与水熬制，初闻海味甚重，经调理后却能使料理风味清爽，是泰国菜的主要咸味来源。

台湾酿酱
物产遇
风土食物
Taiwan
pure=sauce

五香醋辣酱与节气物产相遇

春分

荸荠/荸荠浅渍

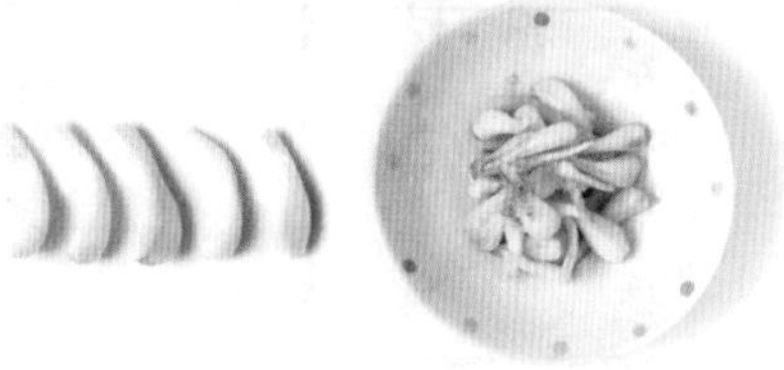

材料

五香醋辣酱 2.5汤匙
荸荠 300克
盐 15克
水 120毫升
冰糖 50克
米酒 10毫升

做法

1 将荸荠洗净后，以盐拌匀浸泡一晚，倒出盐水备用。
2 将糖与水煮成糖水后放凉，加入五香醋辣酱与米酒混合备用。
3 将做法1、2材料置于玻璃罐内即可。

小满

木耳/酱炒木耳丝

材料 10分上桌

五香醋辣酱 2汤匙
木耳 250克
凤梨果干 40克
水 适量
苦茶油 1.5汤匙
姜丝 20克
盐 适量

做法

1 将木耳与凤梨果干切片备用。
2 起一油锅，将姜丝爆香后拌入木耳略炒。
3 加入凤梨果干与适量的水拌炒约1分钟。
4 起锅前淋上五香醋辣酱拌炒，再以盐调味即可。

霜降

牛蒡/干拌牛蒡

材料 15分上桌

五香醋辣酱	2汤匙	苦茶油	2汤匙
牛蒡	250克	糖	适量
白芝麻	适量	盐	适量

做法

1 将牛蒡以刀背刮除牛蒡皮，先切薄片再切成丝。

2 以五香醋辣酱、糖与盐，混合均匀成酱汁。

3 起一油锅，将牛蒡丝炒熟。

4 起锅前加入做法2酱汁，收干后，再撒上白芝麻点缀即可。

小寒

土魠鱼/酱炒土魠

材料 20分上桌

五香醋辣酱	2汤匙	苦茶油	1汤匙
土魠鱼	1片	盐	适量
彩椒	1个		

做法

1 将彩椒去子后，切菱形备用

2 将土魠鱼两面均匀抹盐，起一油锅煎至金黄，切块淋上五香醋辣酱后拌入彩椒。

3 起锅前再以盐调味即可。

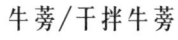

混调饮

英国 England

世界最复杂的鸡尾酒，
来自饱含阳光的番茄汁。
鲜红欲滴，
加上无色无味伏特加，
澄澈如水，
骨子里却如烈焰般后劲十足。

携手在舌尖牙齿间颤抖，
宛如英国女王玛丽一世，
甜酸苦辣四味俱全，
神秘而浓烈。

血腥玛丽

材料

五香醋辣酱	2茶匙
番茄汁	800毫升
柠檬汁	2个
伏特加	4汤匙
芹菜棒	4根

做法

1 将五香醋辣酱、番茄汁、柠檬汁、伏特加混合均匀。

2 饮用时加入芹菜棒即可。

台湾酿酱

相亲相爱

炒乌龙面

100% SAUCE

材料

五香醋辣酱	2汤匙
猪肉丝	200克
乌龙面	3包
七味粉	适量
苦茶油	1.5汤匙
盐	适量

做法

1 将乌龙面汆烫后备用。

2 起一油锅，将猪肉丝炒至变白，再加入乌龙面与五香醋辣酱炒香。

3 最后以盐调味、洒上七味粉即可。

七味粉

微辣带麻，深沉繁复的香气，
不脱辣椒、陈皮、芝麻、芥子、
山椒、紫苏、海苔等数种香料，
如药帖抓良方，
这赤红带橘的椒粉之众，
却是串烧炸烤、滚汤烫面，
不可或缺的东洋况味。

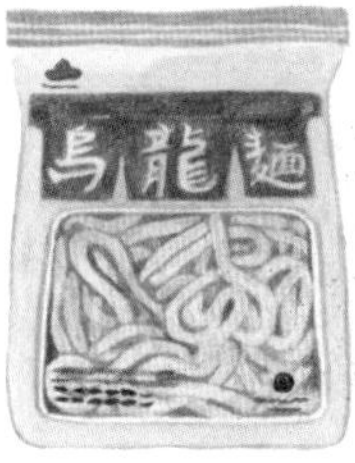

乌龙面

以小麦制成面粉揉制而成，
加入熬煮过后的琼脂，
使面体光滑嫩白，
不易烟烂而口感溜滑通顺，
咀嚼时在唇齿间特有的蹦跳弹性，
是职人手劲的面艺精神。

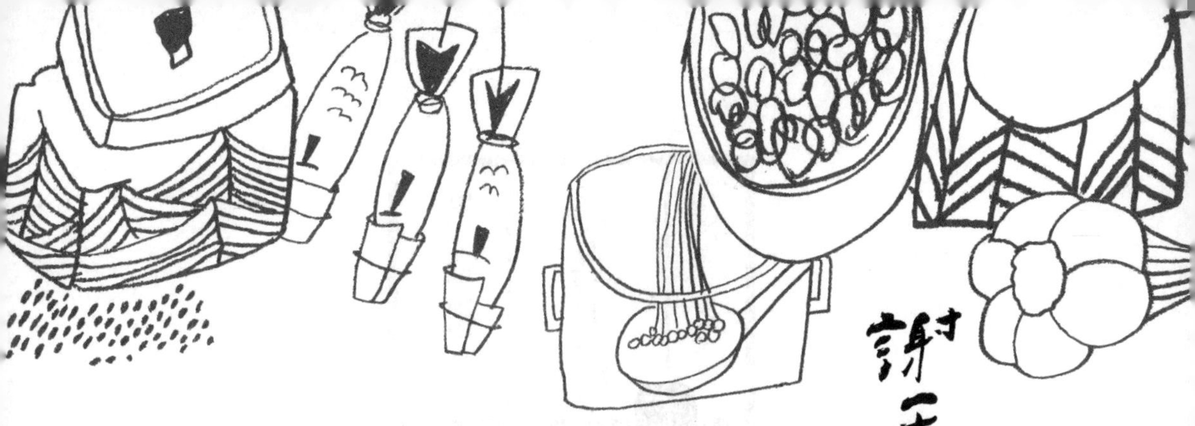

謝天謝地 吃巧吃飽

100%
本产种作
酱油
Soy Sauce

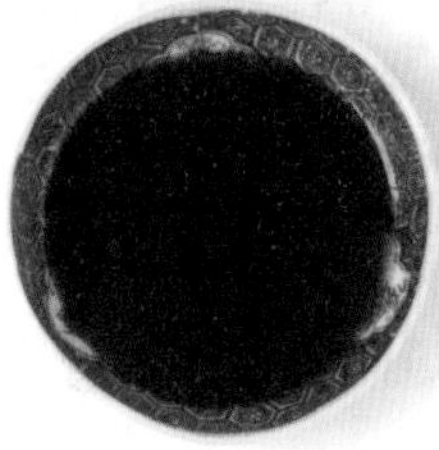

开门七分之二事

开门七件事柴米油盐酱醋茶里
酱油占了七分之二
可见它的重要性
黑豆制曲发酵
腌进酱缸里白天高温日暴
夜里低温凉荫
昼昼夜夜蕴酿成这般滋味
酱油，轻则上色调味
重则浓汤卤汁
如果酱油悄悄在厨房缺席
即使不进厨房的你
一定也会在餐桌上发觉

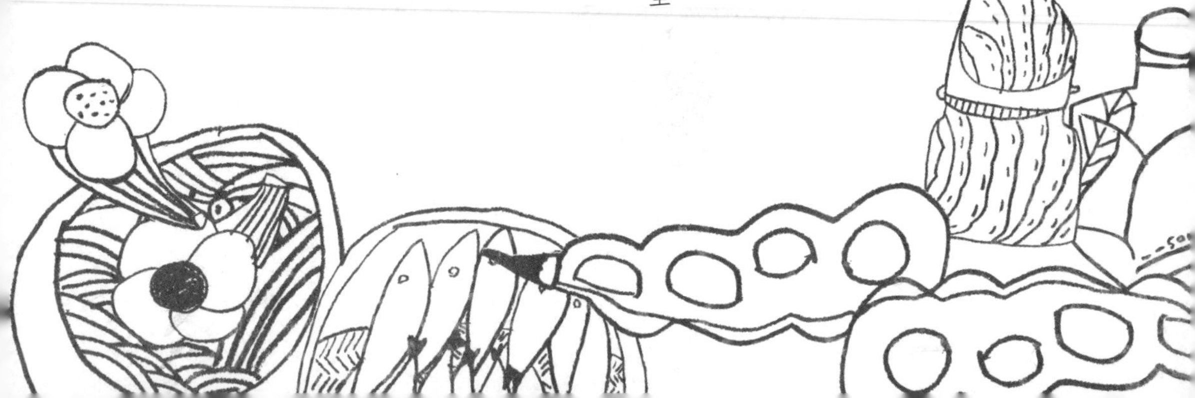

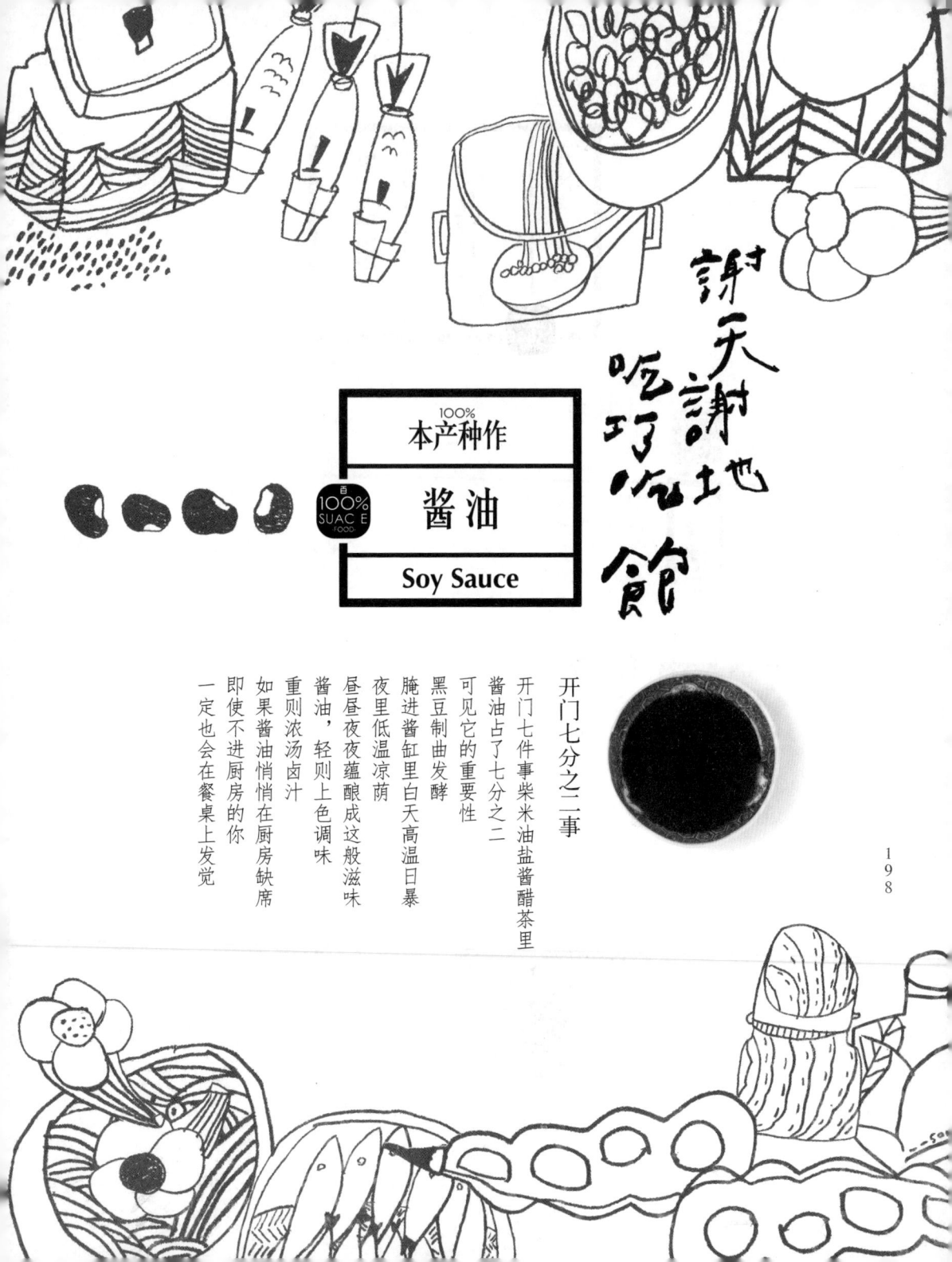

Taiwan
pure=sauce

身世族谱

一身本事的清醇
[马告清油酱]

马告清油酱

浅渍菜、低盐烧
清清淡淡的有味回甘

—美味区间—

未开封冷藏 30 天

对应节气：皆宜

素润

1 清酱油

坚持日暴180天，纯黑豆酿造，无添加焦糖的清澄琥珀色，咸度稍轻，酱香依然清隽动人。

2 陈皮

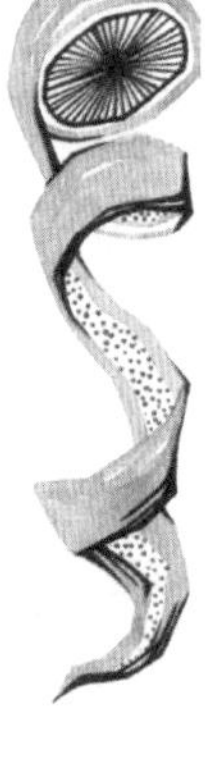

橙橘类制成的陈皮，以茂谷柑香气最佳。若非产季，柳丁或小椪柑等柑橘类水果亦能干燥后代用。

3 马告

来自山中的家常调味料——马告，综合了胡椒与姜的香气，拿来腌肉去腥提味，煮汤时撒入更添鲜美。

材料

清酱油 200毫升
马告 5克
陈皮 5克

做法

1 马告用刀背压过备用。
2 陈皮剪丝状备用。
3 清酱油加入陈皮丝与压过的马告拌匀装罐即可。

台湾酿酱
物产遇
100% SAUCE
风土食物
Taiwan
pure=sauce

马告清油酱与节气物产相遇

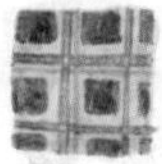
立春

葱/青葱肠粉

材料 15分上桌

马告清油酱	2汤匙	太白粉	15克
葱花	30克	水	350克
樱花虾	3克	盐	适量
在来米粉	100克	苦茶油	1茶匙
玉米粉	15克		

做法

1 将在来米粉、太白粉、水、盐、苦茶油混合均匀，再拌入葱花和樱花虾成粉浆备用。

2 准备蒸锅，在蒸锅中放入容器并放上打湿的布巾，水大滚时将粉浆倒入，并盖上锅盖，蒸90秒。

3 连布巾一起倒盖在砧板上，以刮刀分开布巾和肠粉，再对切肠粉卷成两卷。

4 食用时将肠粉切小段淋上马告清油酱即可。

芒種

小黄瓜/浅渍黄瓜

材料

马告清油酱	2汤匙	香油	0.5茶匙
小黄瓜	4根	盐	适量
辣椒	1个		

做法

1 小黄瓜切小段，以刀背拍去子，以盐腌5分钟，辣椒切丝备用。

2 将做法1食材去水拌入马告清油酱和辣椒、香油，混合均匀后，再以盐调味即可。

秋分

四角菱/酱烧菱角

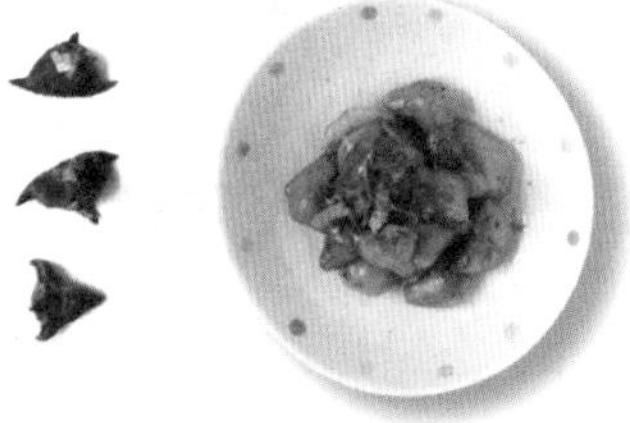

材料 10分上桌

马告清油酱	2.5汤匙	盐	适量
菱角	300克	芫荽	适量
苦茶油	1汤匙		

做法

1 将菱角去壳煮熟，备用。

2 起油锅，将菱角拌炒，起锅前加入马告清油酱，释出酱香，最后以盐调味，再拌入芫荽末即可。

大寒

黑柿番茄/姜汁黑柿番茄

材料 60秒上桌

马告清油酱	2汤匙	梅粉	0.25茶匙
黑柿蕃茄	2个	蜂蜜	适量
姜汁	20毫升		

做法

1 将马告清油酱和姜汁、梅粉、蜂蜜混合均匀成蘸酱。

2 将黑柿番茄切成瓣状后，混合蘸酱食用即可。

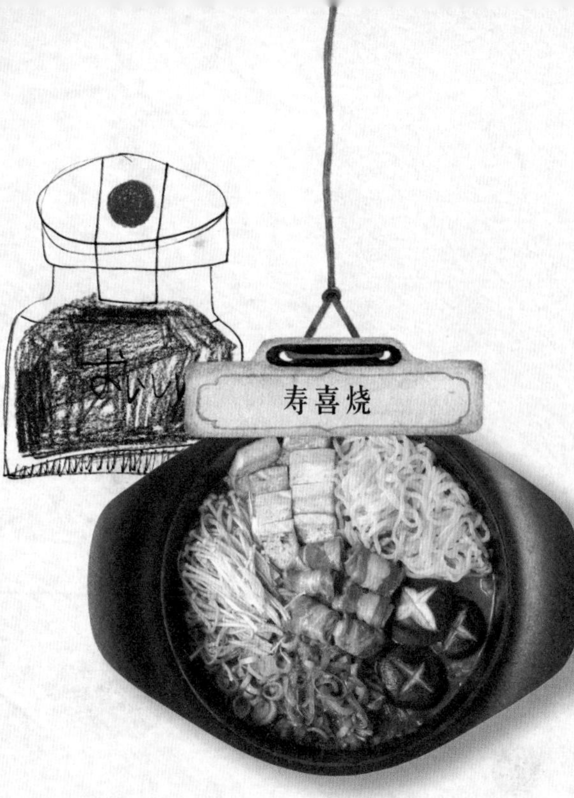

台湾酿酱
他方遇
日本
烤煮食
Japan

或称锄烧，
刚开始源自农夫以锄头烤肉而食，
经时代推进而有了以锅烤肉的方式。
自古就是庆典或进补偶尔为食的高级料理，
至今，也未曾改变。
在生活上严谨细究的日本人，
对于寿喜烧的材料选择，
以至排盘角度皆有所要求。
都说饮食与性格相关，
于此验证。

材料

马告清油酱	3汤匙	洋葱	1个切丝
板豆腐	1盒	香菇	4个
蒜苗	1根	牛油	20克
魔芋丝	1包	糖	适量
金针菇	1包	盐	适量
牛肉片	250克	水	200毫升

做法

1 将板豆腐切小块；蒜苗切圆片；洋葱切丝备用。
2 板豆腐两面煎成金黄备用。
3 魔芋丝汆烫备用。
4 金针菇去蒂头备用。
5 在锅内以牛油炒洋葱，炒透再加入马告清油酱和糖，再注入水。
6 依序将所有食材放入锅内，煮至肉片熟，以盐调味即可。

凉拌菠菜

100% SAUCE

相亲相爱

台湾酿酱

材料

马告清油酱	2汤匙
菠菜	300克
柴鱼片	1.5汤匙
香松	1茶匙
盐	适量

做法

1. 菠菜汆烫冰镇，切小段备用。
2. 菠菜上淋上马告清油酱，加入柴鱼片、香松与盐即可。

柴鱼片

鲣鱼烹煮熟后，
去皮除骨，再经反复烤焙熏制作业，
含水量必须控制在15%以下，
让酶分解鲣节脂肪，
木质化成坚硬如石形如柴。
取之于自然，
是渔人讨海的智能保存食，
是菌种与人类生活平衡的相牵。

香松

将山产海味晒制成干、磨成粉粒，
信手调配成主妇庖厨良品，
饭面粥汤、凉拌煮食，无一不合，
吃得到山林野味，
闻得到海潮咸鲜。

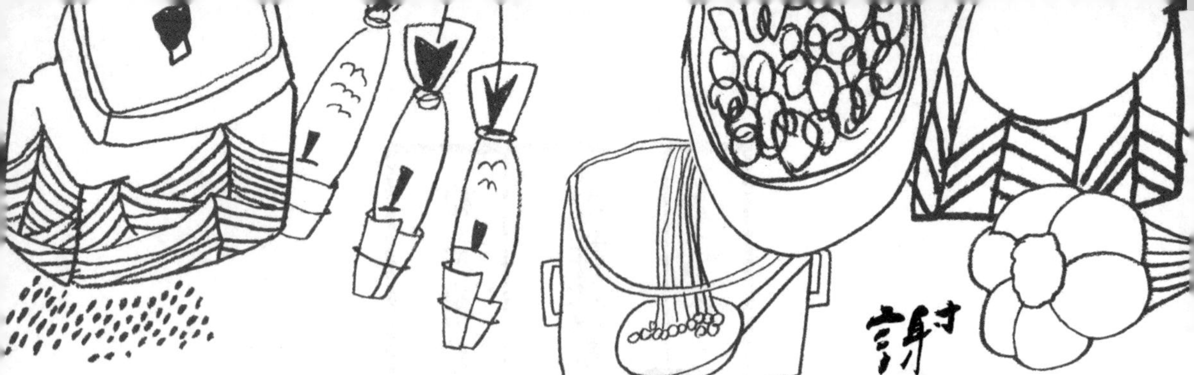

謝天謝地也 吃巧吃館

100%
本产种作

黑糖

Dark Brown Sugar

土地熬出甜味

甜，是人生追求的滋味
碰到甜，人的嘴角会不由自主地上扬
上乘的甜是蜜
所以蜂农养蜂集蜜
日常的甜是糖
台湾的糖都来自甘蔗
种蔗制糖兴盛于日据时代
制糖也像炼油
糖越炼越精致白皙
精到除了甜别无他味
于是初阶的黑糖
富含矿物质，充满了个性、风味
这刚从土地熬出来的甜味
在乡土间造就古早味、台湾味

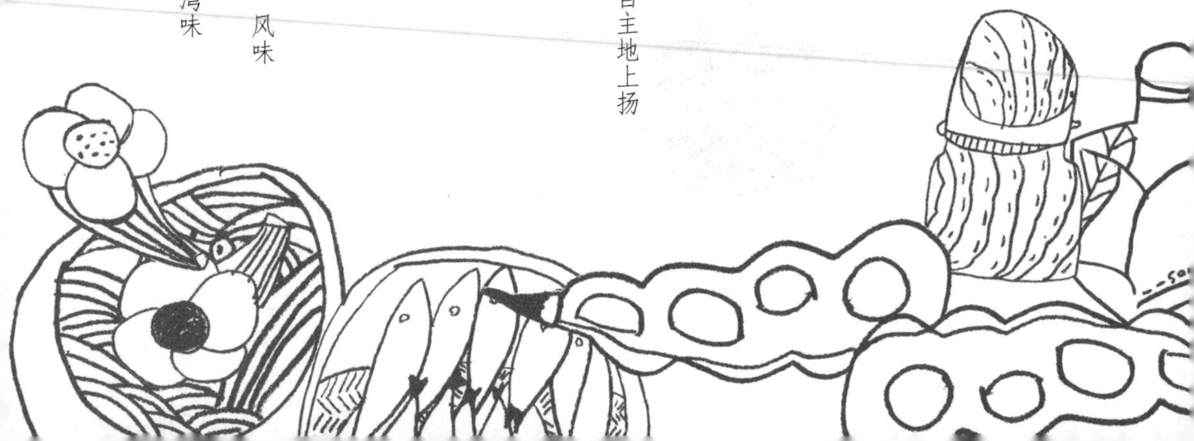

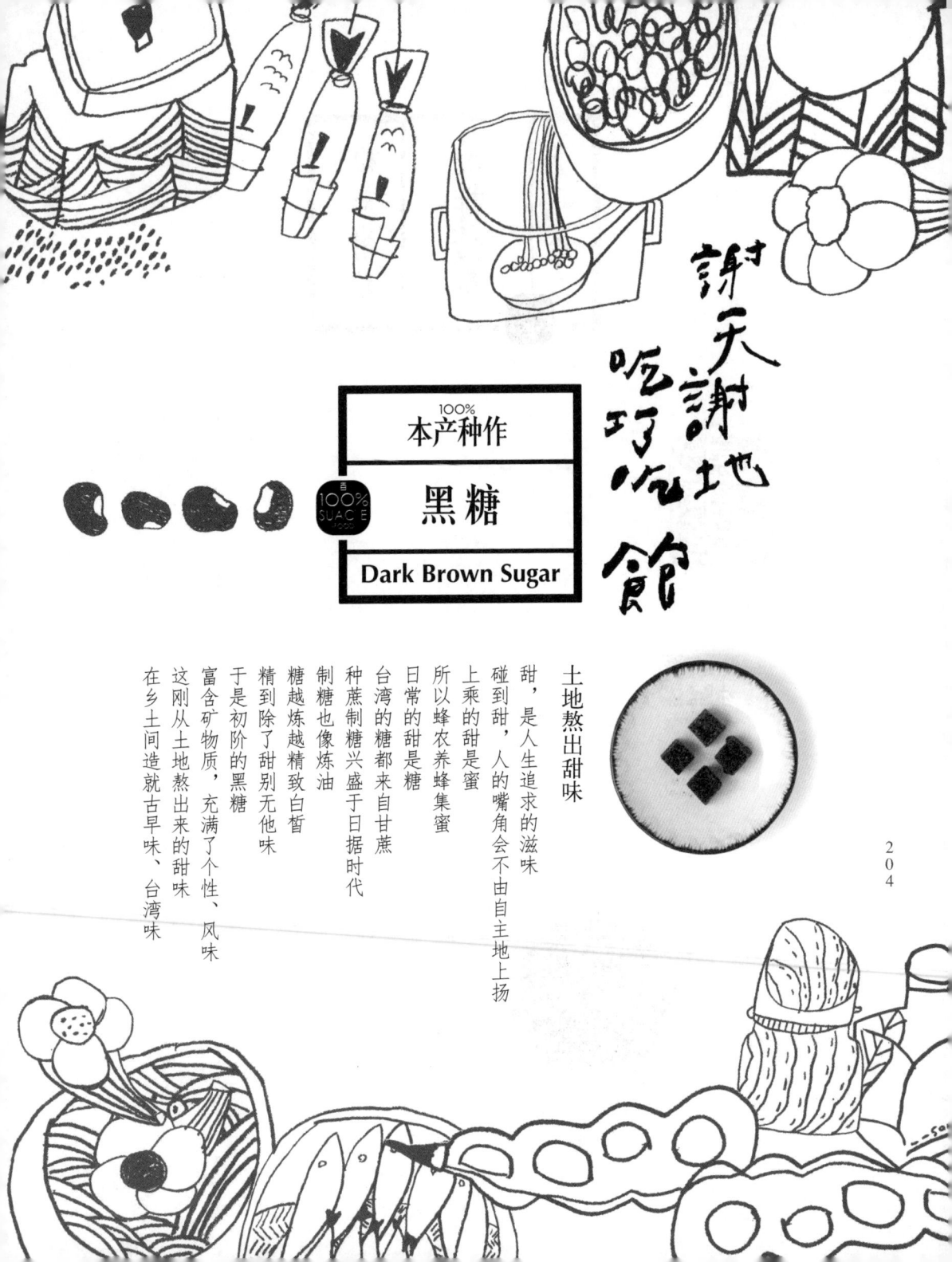

材料

黑糖 80克
陈皮 3片
丁香 2克
肉桂棒 1根
马告 2克
红茶 5克

做法

1 将所有材料混合装罐，放一段时间后即可。

Taiwan
pure=sauce

身世族谱

共生共荣的香草与糖 [香料黑糖]

香料黑糖

热蛋糕、香料汤
烘焙烹饪的香气魔法

—美味区间—

未开封冷藏 30天

对应节气：皆宜

素甘

1 黑糖

为甘蔗制糖的第一道产品，未经高度提炼与脱色，性温味甘，有自然的焦炭香，与姜汁共煮可活络筋血。

2 丁香

丁香味道其实我们都不陌生，牙医点牙用的药里，就有丁香。

3 马告

马告即山胡椒，好像把胡椒、柠檬、香茅，全挤进小小一粒黑子里，这味道在咸里很独特，用在甜里也不唐突。

4 红茶

红茶在台湾，走出了一条自己的路，全发酵重烘焙、不揉球，赭红茶汤，冰热皆不损香气甜味。

5 橙皮

成熟的茂谷柑皮日晒干燥而成，有着柑橘果香，可以茶饮、可以泡澡，更可以入菜。

台湾酿酱
物产遇
风土食物
Taiwan
pure=sauce

香料黑糖与节气物产相遇

大暑

红藜/红藜甜在心

材料 30分上桌

香料黑糖	3汤匙
圆糯米	1杯
红藜	10克
苦茶油	1汤匙

做法

1 将圆糯米与红藜洗净，以电饭锅煮熟后放凉备用。

2 将香料黑糖加水煮成糖浆，放凉备用。

3 取一塑料袋放油，将做法1、2材料搓揉约10分钟，变成带颗粒的麻糬。

4 把带颗粒的麻糬，整理成长条薄状，铺上糖浆后卷成长条卷。

5 食用时再切成小段即可。

春分

香蕉/糖渍香蕉

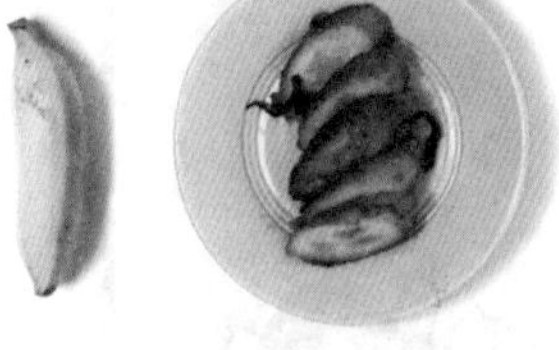

材料 5分上桌

香料黑糖	2汤匙
香蕉	4根
奶油	40克
白兰地	3汤匙

做法

1 将香蕉去皮，以奶油略煎后，加入香料黑糖至香蕉表皮成金黄色。

2 起锅前，再以白兰地烧即可。

寒露

四破鱼/四破鱼干花生

材料 10分上桌

香料黑糖	2.5汤匙
花生	200克
四破鱼干	100克
酱油	2.5汤匙
辣椒	2个
苦茶油	1.5汤匙
盐	适量

做法

1 将辣椒切片备用。

2 起一油锅，将四破鱼干煸香，拌入辣椒炒至释出辣味。

3 拌入花生炒匀后，再以酱油呛出酱香。

4 最后以香料黑糖拌匀即可。

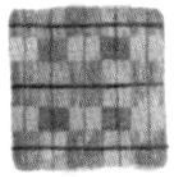

大雪

蒜苗/红烧小章鱼

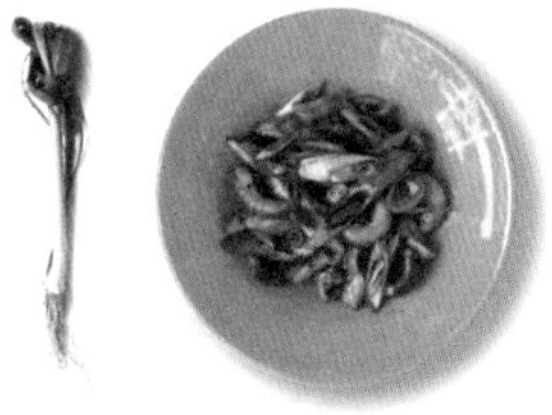

材料 15分上桌

香料黑糖	1.5汤匙
小章鱼	250克
蒜苗	1根
酱油	1.5汤匙

做法

1 清洗小章鱼去除内脏后，切小块备用；蒜苗切斜片。

2 起一干锅，将小章鱼拌炒至卷起后，放入香料黑糖与酱油拌炒至收干。

3 起锅前，拌入蒜苗片即可。

过去的印度以茶入药，经英国殖民后，染上了茶饮的习惯。结合红茶与鲜奶的英式奶茶，到了印度，还是得被香料洗礼，也因而发展出香气纷呈的印度香料奶茶。

印度香料奶茶

材料

香料黑糖　4汤匙
红茶　8克
牛奶　500毫升
水　300毫升

做法

1 将红茶与水煮沸至剩100毫升左右，加入牛奶与香料黑糖搅拌，煮至锅边微滚即可。

2 饮用时，可过滤茶叶与香料。

相亲相爱
台湾酿酱

香料温红酒

100% SAUCE

红酒

自曲线优雅的高脚杯，
斟入身处纬度30～60度间，
世界之最浆果玉液。
富含生命的单宁酸，
因接触空气所产生的神奇变化，
在世界版图五大洲旅行，
留下54种气味，
让世人追随其脚步。

黑巧克力

只产于赤道南北纬18度以内的狭长地带，
学名为Theobroma，
被称作是众神的饮料。

古代是贵族身份的象征、市场的货币；
现今在医学上有着抗氧化的功效，
更能预防血管硬化；
也是日常生活的调剂品，发展出许多特定节日。
古今中外，不分贵贱男女老少，
这暗黑力量，令人着迷而疯狂。

材料

香料黑糖　2汤匙
红酒　600毫升
苦甜巧克力　适量

做法

1 将红酒加热后，加入香料黑糖至融化。
2 食用时，搭配巧克力即可。

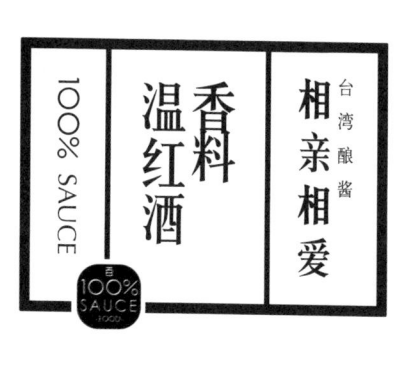

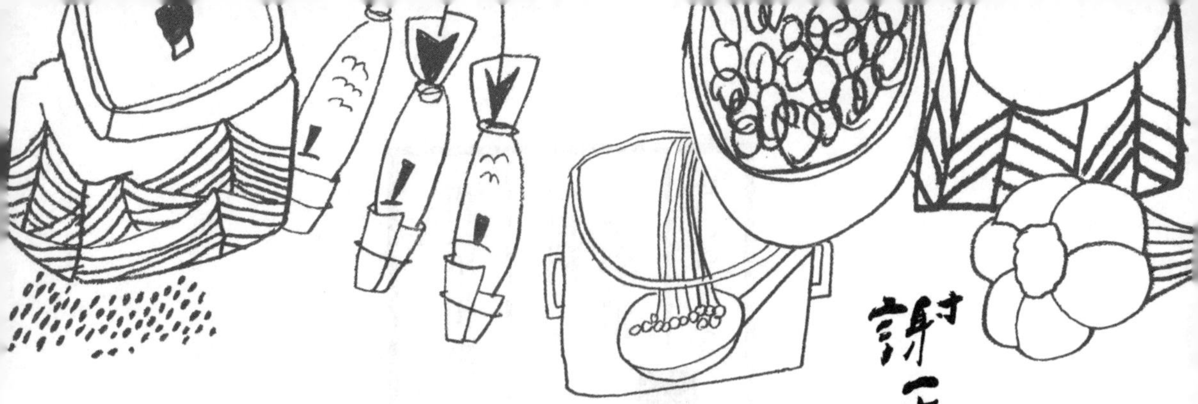

謝天謝地 吃巧吃飽

100%
本产种作

椒油

Capsicum Oil

以油熘色香

辣椒
红油
我们口尝着五味
辛甘酸苦咸
尝着尝着
尝成了人生的大道理
纵使独孤一味，但人生却得五味俱陈
味味都有究极的文化
烧热的油过椒红粉屑，得出红油
色香味俱象征着辣
我们有偏爱辣的习性
我们有吃辣的一群
甚至是吃辣地方与文化
究极的好功夫

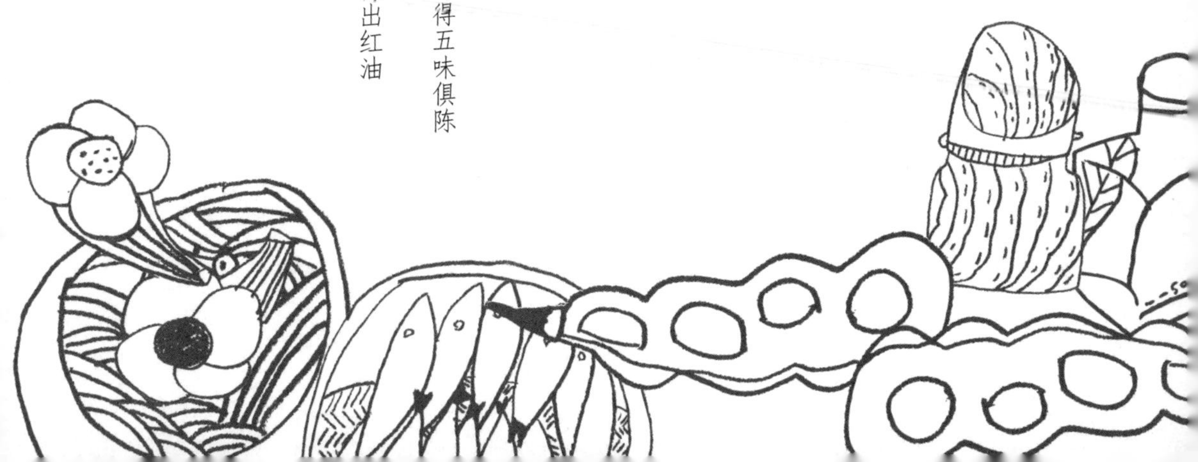

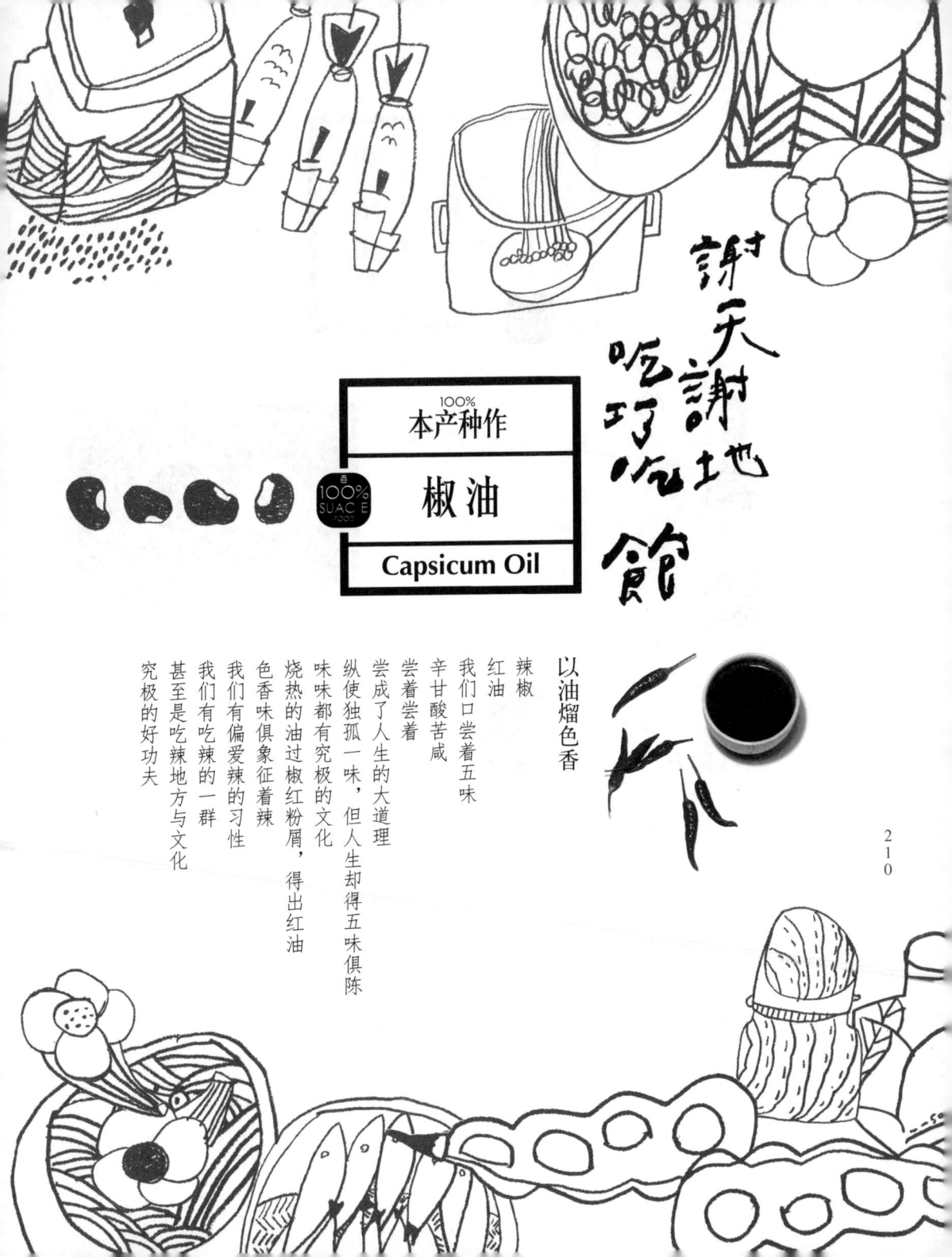

材料

朝天椒 100克
辣椒 100克
泡椒 100克
辣椒粉 30克
苦茶油 100毫升
花椒油 100毫升
盐茶 0.5匙
白芝麻 30克

做法

1 朝天椒、辣椒、泡椒切碎备用。

2 将朝天椒、辣椒、泡椒和苦茶油、花椒油加热一起炒出红油。

3 再用盐调味，最后加入辣椒粉和白芝麻拌炒后熄火。

Taiwan pure=sauce

身世族谱

层递的香气与辛辣
[芝麻椒油酱]

芝麻椒油酱

完美配角
都只为了成全佳肴

—美味区间—
未开封冷藏 30天
对应节气：皆宜

素 辛

❶ 朝天椒

因椒果朝天得名。椒果小辣度高，辣椒素本用来保护种子被吃，却反而成为人类的最爱。

❷ 白芝麻

黑白芝麻，黑榨成麻油、白制成香油，做成酱，黑芝麻主甜，白芝麻主咸。

❸ 花椒油

红花椒主香、绿花椒主麻辣，将辛辣花椒过热油而得之。

❹ 辣椒

辣椒的生辣，与花椒的麻辣，让椒有了景深，多了层次。

❺ 泡椒

椒泡酒，称泡椒。辣中带酸，色泽红亮，略有酒香，川菜风味厚实的基础。

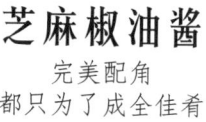

台湾酿酱
物产遇
100% SAUCE FOOD
风土食物
SEED
Taiwan
pure=sauce

芝麻椒油酱与节气物产相遇

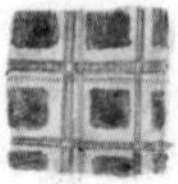
立春

黑鲷/剁椒鱼头

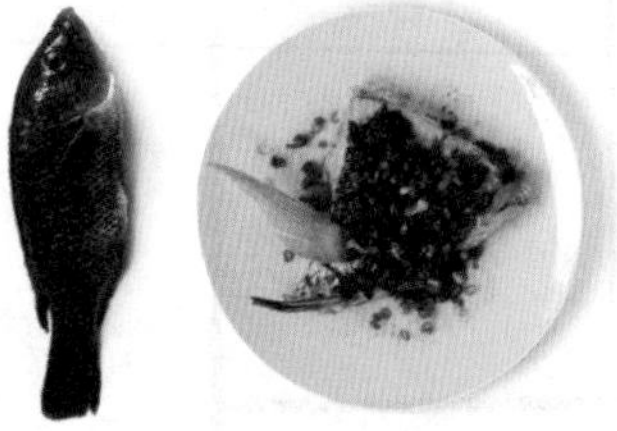

材料 20分上桌

黑鲷鱼头	500克	白醋	3汤匙
酒	3汤匙	盐	适量
葱	3根	苦茶油	1.5汤匙
芝麻椒油酱	4汤匙		

做法

1 取葱3根，2根切末，1根切段备用。
2 将鱼头剖半，鱼皮朝上，抹上盐，铺上芝麻椒油酱洒上酒、白醋和放入葱段，以大火蒸12分钟。
3 将油加热。
4 将做法2葱段挑起，撒上葱末最后淋上热油即可。

芒种

黄瓜/凉拌三丝

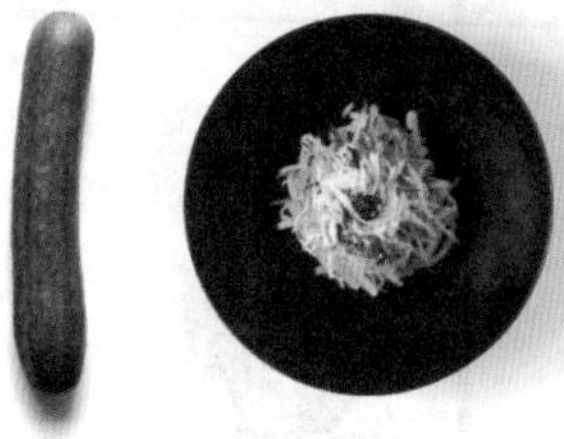

材料 10分上桌

豆芽菜	250克	芝麻椒油酱	1.5汤匙
小黄瓜	1条	盐	适量
鸡胸肉	1片		

做法

1 将豆芽菜去除头尾；小黄瓜切丝；鸡胸肉煮熟后撕成丝备用。
2 将芝麻椒油酱、盐拌匀备用。
3 将豆芽菜、小黄瓜、鸡胸拌匀，最后淋上芝麻椒油酱即可。

寒露

芫荽/椒麻鸡腿

材料 15分上桌

去骨鸡腿	2根
芫荽	2汤匙
芝麻椒油酱	3汤匙
盐	适量

做法

1 将芫荽、芝麻椒油酱、盐拌匀，作为酱料备用。

2 鸡腿以皮贴锅面先煎出金黄上色，另一面也煎熟。

3 食用时只需淋上调好的酱料即可。

大寒

萝卜/辣炒萝卜钱

材料 30分上桌

白萝卜	150克	酱油膏	适量
芝麻椒油酱	1大匙	盐	适量
九层塔	适量		

做法

1 白萝卜洗净、削皮，用刨刀刨薄片，加少许盐，让白萝卜变软、出水，拧干水分备用。

2 在锅中放入芝麻椒油酱加热，加入白萝卜，少许酱油膏、九层塔快炒几下即可。

混拌食

墨西哥

Mexico

新鲜熟成的番茄，加上大量辛香料，任何你手边有的时蔬鲜果都能加入，切碎混合，轻搅，静置，让味道发挥作用，大口吃菜嚼食，拉丁美洲的狂热。

莎莎酱佐脆饼

材料

番茄	1个
洋葱	0.5个
青椒	0.25个
黄椒	0.25个
芫荽	2个
薄荷	10片
柠檬	1个
蜂蜜	适量
盐	适量
芝麻辣椒酱	1茶匙

做法

1 酱番茄、洋葱、青椒、黄椒切成细丁备用。

2 加芫荽末、薄荷末拌匀，再加芝麻椒油酱、柠檬汁、蜂蜜、盐调味。

3 最后刨少许柠檬皮屑提香气即可。

酸辣豆签面

100% SAUCE

材料

豆签面 350克
乌醋 2大匙
酱油 2大匙
芝麻辣椒酱 2大匙

做法

1 在碗中将芝麻椒油酱、乌醋、酱油拌匀备用。
2 将煮熟的豆签面一起拌入即可。

乌醋

乌醋
比起白醋
多了果香、菜蔬酸甜
开门七件事
醋也重要

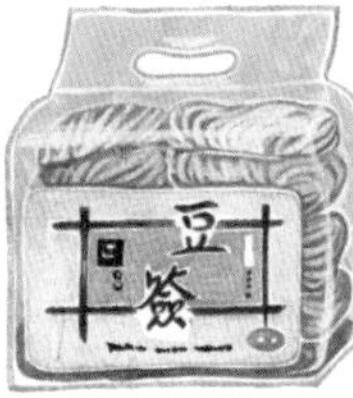

豆签面

带有黑斑的米豆
磨粉制成面
以手工折入竹篓，日晒成型
味淡却韵长
几近失传的古早味
是庙口文化的庶民食

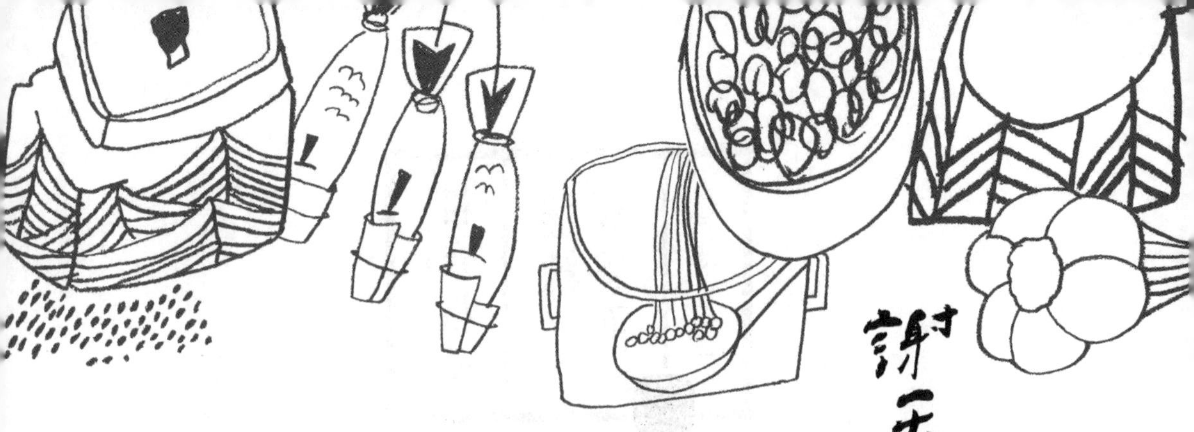

謝天謝地
吃巧吃館

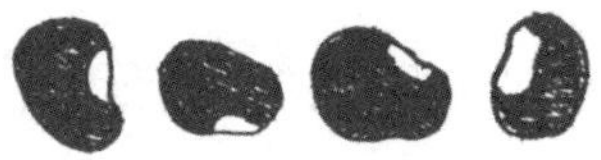

100%
本产种作

百 100% SUAC E FOOD

苦茶

Tea-seed Oil

东方植物油

这一棵茶树
芽叶不采来制茶
花也谈不上茶花的美丽多端
还结着满身的大茶子
它是苦茶树
不制茶、不赏花
专用来榨油
所榨苦茶油，其珍媲美西洋苦茶油
苦茶树龄动辄数十年
是长长岁月积藏出的丰厚
总以不变应着万变
是投机不得的农业

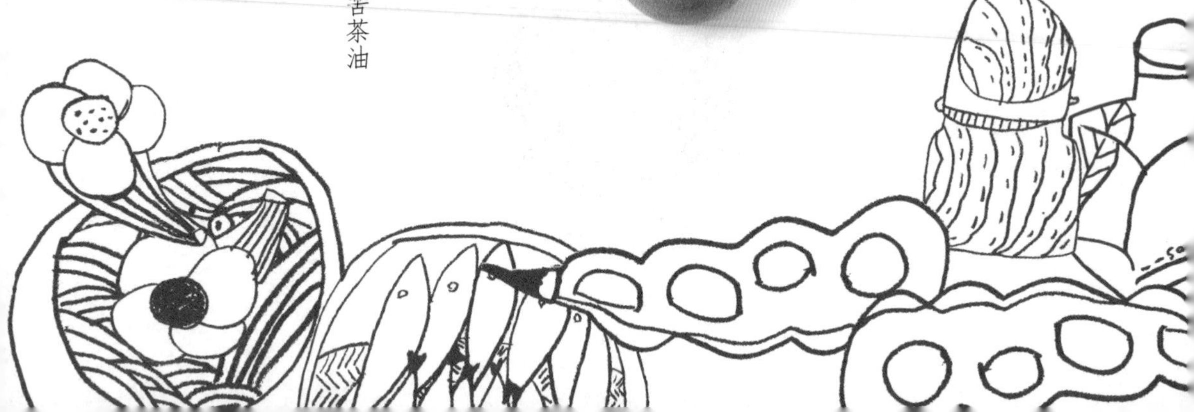

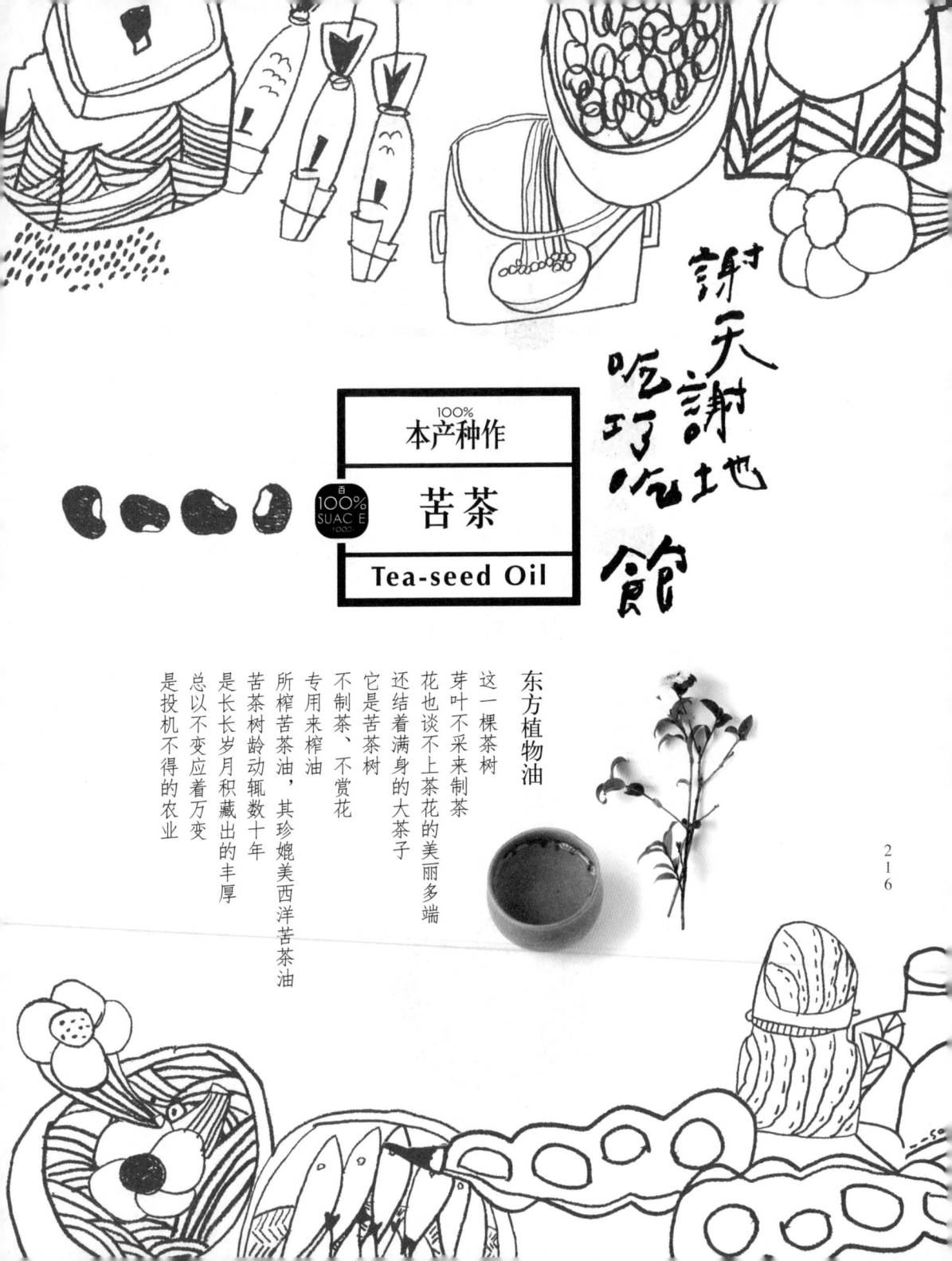

材料

老姜 100克
茶籽油 200毫升
桂花 5克

做法

1 老姜切成细丝备用。
2 于锅中放入茶籽油，以小火加热，再加入姜丝慢慢拌炒，不可过焦。起锅前加入桂花即可。

Taiwan pure=sauce

身世族谱

油衷的美好 [桂花苦茶姜油]

桂花苦茶姜油

拌沙拉，功夫菜
土生土长的香料油

—美味区间—

未开封冷藏 30 天

对应节气：白露

素润

❶ 苦茶油

来自茶籽的苦茶油，长辈眼中的疗愈圣品，可热拌面条，凉拌沙拉。单元不饱和脂肪酸为油中最高，又称东方苦茶油。

❷ 姜

生姜熟姜各有妙处，生姜切丝切片，增口感去腥味，凉拌甚好；熟姜入汤入菜，除了炖补，亦能调饮。

桂花 ❸

桂花于秋季最盛，味香持久，除可入药，亦常见于制作甜点与烹饪，桂花卤、桂花糕……

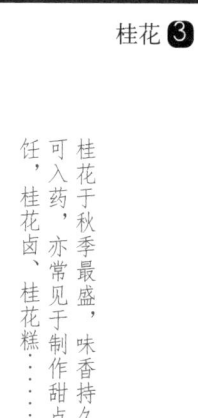

台湾酿酱 物产遇

100% SAUCE

风土食物

Taiwan pure=sauce

桂花苦茶姜油⑤节气物产相遇

立春

葱/油拌面条

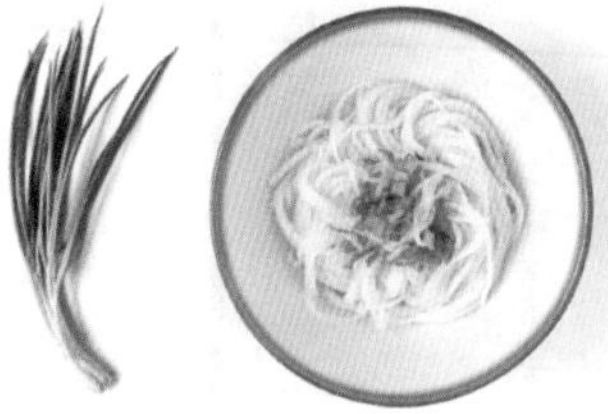

材料　180秒上桌

面条	1把
葱	4根
清酱油	适量
桂花苦茶姜油	4汤匙

做法

1 葱切末备用。

2 将面条烫熟，水分沥干后，拌入清酱油和桂花苦茶姜油，最后撒上葱末即可。

大暑

紫苏/紫苏肉片

材料　10分上桌

胛心肉片	300克	紫苏叶	40克
酱油	1汤匙	盐	适量
番薯粉	2汤匙	桂花苦茶姜油	1.5汤匙

做法

1 将胛心肉片、酱油、番薯粉混合拌匀备用。

2 起一油锅，将肉片以桂花苦茶姜油炒至八分熟，再拌入紫苏叶一起拌炒均匀，起锅前再以盐调味即可。

秋分

川七/炒川七腰子

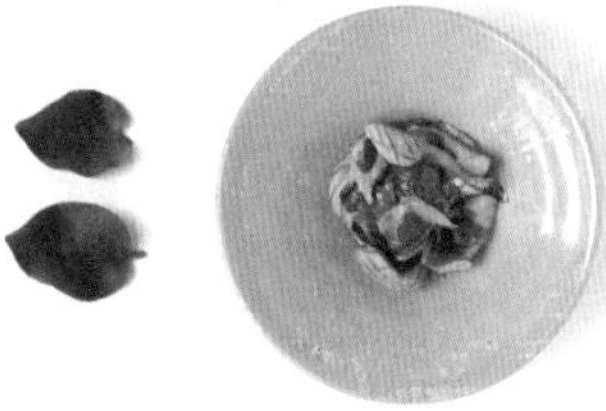

材料 15分上桌

猪腰花	1副	盐	适量
川七	200克	米酒	3汤匙
姜片	8片	桂花苦茶姜油	1.5汤匙
水	适量		

做法

1 腰花对切成两半，将白膜去除洗净，在另一面划十字切花，再切片；川七取叶洗净备用。

2 将腰花片以容器盛置于水龙头下冲10分钟，至水清澈。

3 煮一锅热水将腰花片氽烫，冰镇后沥干备用。

4 起一油锅，将姜片以桂花苦茶姜油煸香后，再放入腰花片和川七拌炒，最后加水和米酒略拌炒即可。

冬至

红萝卜/干拌三丝

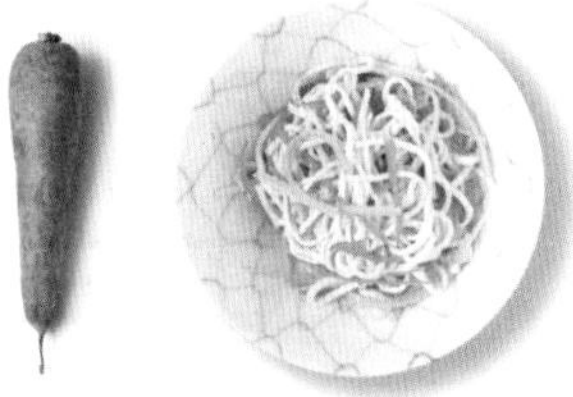

材料 5分上桌

干丝	300克	盐	适量
胡萝卜	30克	蒜	2瓣
芹菜	30克	桂花苦茶姜油	1汤匙

做法

1 蒜磨成泥，和盐、桂花苦茶姜油拌匀备用。

2 将胡萝卜、芹菜切成丝，和干丝氽烫后冰镇备用。

3 将做法1、2材料混合拌匀即可。

台湾酿酱

他方遇

希腊 凉拌食

Greece

希腊文原意为夏日的沙拉，以油醋酱汁为底，凉拌夏季盛产、香气丰富的蔬果，佐以浓郁的Feta羊乳起司与黑橄榄，是一道色彩缤纷，视觉与味觉，都让人感觉仿佛夏日微风佛面的清爽沙拉。

材料

feta起司 80克
黑橄榄 10个
番茄 1个
红甜椒 1个
黄甜椒 1个
青椒 1个
洋葱 0.5个
盐 适量
桂花苦茶姜油 3汤匙

做法

1 将番茄、红甜椒、黄甜椒、青椒分别去子后，切成小块备用。

2 黑橄榄切片、洋葱切成圈，加入做法1食材拌匀加入feta起司和桂花苦茶姜油，最后以盐调味即可。

相亲相爱

台湾酿酱

剥皮辣椒鸡汤

100% SAUCE

材料

鸡腿	1根
剥皮辣椒	0.5罐
米酒	0.5杯
盐	适量
水	1500毫升
桂花苦茶姜油	1.5汤匙

做法

1 鸡腿切块备用。

2 以桂花苦茶姜油将鸡腿煎至上色，倒入剥皮辣椒和米酒、水煮开后，以小火续煮25分钟。

3 起锅前以盐调味即可。

剥皮辣椒

将新鲜青辣椒洗净去蒂，
经油炸后冰镇，
去除辣椒唯一难消化的革质皮，
再除子，腌制入味。
咸香带辣的爽脆口感，
是寒冬暖身保存食。

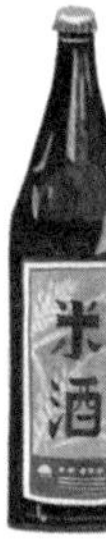

米酒

我们拿米当饭吃，
用米做解馋糕点，
用米发酵成酒，
再注入菜里、汤里，
比孙悟空还厉害的米魔法。

100%台灣醸醬

物尽其用的哲学

百分百台灣味 100% Taiwan sauce

（京）新登字083号
图书在版编目（CIP）数据
100％台湾酿酱——物尽其用的哲学/[台]种籽设计著.—北京：中国青年出版社，2015.3
ISBN 978-7-5153-3022-8
Ⅰ.①1… Ⅱ.①种… Ⅲ.①调味酱—制作—台湾省
Ⅳ.①TS264.2
中国版本图书馆CIP数据核字(2014)第288352号

北京市版权局著作权合同登记
图字：01-2014-6294

■ [台] 种籽设计

我们相信　情感可以改变商业世界的样貌

种籽设计 第一个 十年

因为，敏感于当代设计、场所精神、情感触动、生活兴味
并且喜好将这一种敏感
转化为一种文化服务和心灵的经营
热诚地创作一篇篇当代的美好生活
因为，遭遇的视野、胸襟和传统手艺
支持我们发现、创新、转绎、传播台湾美好的创业家故事

种籽设计 第二个 十年

节气长河中
我们是种籽
自发的、内向的、宁静的看待寻找自己与土地、与历史、
与人，之间的关系。
想要找出节气之于生活，情感的印记。

■ 种籽设计 著作

《二十四分之一挑食——节气食材手札》
《你好土，我好菜——三菜一汤·跟着节气过日子》
《台湾好野菜——二十四节气田边食》
《100%台湾酿酱——物尽其用的哲学》

■ 种籽

台湾台中市北区梅亭街428号
seed.design@msa.hinet.net
http://www.seedsight.com/
www.seedesign.com.tw

中国青年出版社 出版 发行
社址：北京东四12条21号　邮政编码：100708
网址：http://www.cyp.com.cn
责任编辑：刘霜Liushuangcyp@163.com
编辑部电话：（010）57350508
发行部电话：（010）57350370
项目合作：锐拓传媒copyright@rightol.com

北京科信印刷有限公司印刷　新华书店经销
700×1000　1/16　14 印张　2插页　60 千字
2015年3月北京第1版　2018年12月第3次印刷
定价：40.00元
本图书如有印装质量问题，请凭购书发票与出版部联系调换
联系电话：（010）57350337